中村 聡　中島春紫　伊藤政博
Satoshi Nakamura　Harushi Nakajima　Masahiro Ito

道久則之　八波利恵 [著]
Noriyuki Dokyu　Rie Yatsunami

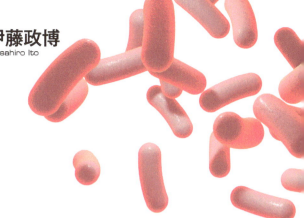

MICROBIOLOGICAL
EXPERIMENT

新版
ビギナーのための
微生物実験ラボガイド

講談社

故・掘越弘毅先生
故・青野力三先生
に捧ぐ．

序　文

　1993年に本書の旧版にあたる『ビギナーのための微生物実験ラボガイド』（掘越弘毅（故人），青野力三（故人），中村　聡，中島春紫 共著）が刊行されてから，すでに四半世紀が過ぎた．当時，東京工業大学に生命理工学部が設置されたのを皮切りに，全国の工学部，理工学部に微生物を扱う学科が多数新設された．その結果，従来から微生物を扱ってきた農学部，理学部，医学部などの学生とは異なり，これまで生物学をまったく勉強したことのない応用化学などを専攻する工学部系の学生のためのガイドブックの必要性が浮き彫りになってきた．すなわち，工学部系の学生が最初に刷り込まれた学問，すなわち現象を数字・数式で表現することができる工学とは少し異なる，生物学という学問の世界があることを示すものである．そのような情勢の下，東京工業大学生命理工学部生物工学科遺伝子工学講座のゼロからの立ち上げに携わった著者4人が，工学部系の学生のためのガイドブックとして書き上げたのが旧版である．
　旧版誕生以降，微生物学がカバーする範囲はますます広範になってきている．以前は培養できない微生物に関する知見を得ることは困難とされていたが，次世代シーケンサーの発展にともない，環境中の微生物群集のゲノム配列を培養に依存することなく解析することが可能となった．「メタゲノム解析」とよばれるこの技術により，培養できない環境微生物やヒトの腸内細菌群集に関するゲノム情報が得られるようになり，環境問題や人類の健康など，社会的問題の解決につながることが期待されている．現在のメタゲノム研究の台頭にあたっては，次世代シーケンサーの能力向上に加えて，それ以上に重要な要素としてバイオインフォマティクスの発展があげられる．大量のメタゲノムデータの中から，断片的な遺伝子情報をつなぎ合わせ，遺伝子をコードする領域を効率的に見つけだしていくためには，ハードウエアとソフトウエアのバランスのとれた開発が重要であることはいうまでもない．このような趨勢の下，これまでは大型コンピュータを駆使してメタゲノムデータの解析に専念していた情報工学分野の研究者が，自ら微生

物を取り扱うウェットな実験を行い，メタゲノムデータの蓄積に携わる例が増えてきた．もはや微生物に関する素養が必要とされるのは，農学部，理学部，医学部などの学生，そして応用化学などの工学部系の学生だけでなく，情報工学を専攻する工学部系の学生にまで広がっている．

そのようなタイミングで，『新版　ビギナーのための微生物実験ラボガイド』を執筆する機会に恵まれた．著者は，旧版の出版にも携わった中村，中島以外に，学生時代に旧版で勉強した遺伝子工学講座の卒業生の伊藤，道久，八波が加わり，総勢5人の布陣とした．内容的には旧版のコンセプトを継承し，微生物に関わる実験的事項を幅広く取り扱い，その原理から実践までをわかりやすく解説している．読者は必ずしもすべてを読まずに，自身に必要な部分のみを読んだとしても，ある程度理解できるように努めた．そのため，微生物を専門とする読者は，原理の説明が不足していると感じるかもしれない．また，原理はさておき，とにかく実験を行いたいという読者にとっては，具体的なプロトコールが示されていないといった不満もあろうかと思う．その場合は，より専門的な成書や実験プロトコール集をお読みいただきたい．これまで生物学を学んだことのなかった読者が微生物実験を実施する際，本書がそのハードルを下げるのに役立つことを願ってやまない．

最後に，本書の出版に際し，ご尽力いただいた講談社サイエンティフィクの五味研二氏に心から感謝する．

著者を代表して　　中村　聡

目　次

第 1 章　微生物の発見と利用 …………………………………… 1
　1.1　人類と微生物のかかわり ………………………………… 1
　1.2　微生物の発見と近代微生物学の幕開け ………………… 2
　1.3　微生物学と発酵工業 ……………………………………… 4
　1.4　遺伝子組換えとゲノム編集 ……………………………… 5
　1.5　微生物学の行方 …………………………………………… 8

第 2 章　培地の作製と滅菌法 …………………………………… 9
　2.1　培地の組成 ………………………………………………… 9
　2.2　別滅菌の注意事項 ………………………………………… 13
　2.3　平板培地と斜面培地 ……………………………………… 14
　2.4　液体培地 …………………………………………………… 15
　2.5　オートクレーブ滅菌 ……………………………………… 17
　2.6　ろ過（フィルター）除菌 ………………………………… 19
　2.7　乾熱滅菌 …………………………………………………… 19
　2.8　その他の滅菌法 …………………………………………… 20

第 3 章　無菌操作と菌株保存法 ………………………………… 23
　3.1　無菌操作 …………………………………………………… 23
　3.2　開放系における無菌操作 ………………………………… 24
　3.3　クリーンベンチと安全キャビネット …………………… 24
　3.4　純粋分離 …………………………………………………… 25
　3.5　集積培養 …………………………………………………… 27
　3.6　植菌と単コロニー分離 …………………………………… 27
　3.7　菌株の保存法 ……………………………………………… 30
　　3.7.1　継代培養法 …………………………………………… 30
　　3.7.2　軟寒天保存法 ………………………………………… 31
　　3.7.3　流動パラフィン重層法 ……………………………… 31
　　3.7.4　凍結保存法 …………………………………………… 32
　　3.7.5　凍結乾燥保存法 ……………………………………… 33
　　3.7.6　その他 ………………………………………………… 33

第 4 章　顕微鏡観察 ……………………………………………… 35
　4.1　顕微鏡の原理と解像度 …………………………………… 35
　4.2　位相差顕微鏡 ……………………………………………… 38
　4.3　顕微鏡の取り扱い法 ……………………………………… 40

	4.3.1	照明	40
	4.3.2	試料の調製	41
	4.3.3	レンズ	42
	4.3.4	ミクロメーター	42
	4.3.5	保守点検	43
4.4	顕微鏡写真の撮影法		44
4.5	蛍光顕微鏡		45
4.6	共焦点レーザー顕微鏡		48
4.7	電子顕微鏡		48
4.8	原子間力顕微鏡		51
4.9	その他の顕微鏡		52

第5章 微生物の分類 ... 55

- 5.1 微生物の命名法 ... 55
- 5.2 微生物の同定 ... 56
- 5.3 形態観察 ... 58
  - 5.3.1 細胞形態 ... 58
  - 5.3.2 グラム染色 ... 59
  - 5.3.3 べん毛染色 ... 59
- 5.4 生理学的性質の解析 ... 60
- 5.5 化学組成による分類 ... 60
  - 5.5.1 菌体脂肪酸の組成 ... 60
  - 5.5.2 イソプレノイドキノンの組成 ... 61
  - 5.5.3 細胞壁ペプチドグリカンの組成 ... 61
- 5.6 DNA分析 ... 61
  - 5.6.1 rRNA遺伝子の塩基配列の解析 ... 61
  - 5.6.2 DNA-DNAハイブリダイゼーション試験 ... 62
- 5.7 真菌の分類と同定 ... 64
- 5.8 微生物群集の解析 ... 64
  - 5.8.1 DGGE法 ... 64
  - 5.8.2 T-RFLP法 ... 65
  - 5.8.3 メタゲノム解析 ... 66

第6章 突然変異株の取得 ... 69

- 6.1 突然変異体とは ... 69
- 6.2 突然変異の種類 ... 71
- 6.3 変異原処理 ... 73
  - 6.3.1 紫外線 ... 73
  - 6.3.2 化学物質 ... 74
  - 6.3.3 生物的突然変異誘発法 ... 77
- 6.4 スクリーニング ... 77

6.5 突然変異体の濃縮 ･･･ 78
   6.5.1 ペニシリンスクリーニング法 ････････････････････････････････････ 80
   6.5.2 トリチウム自殺法 ･･ 80
   6.5.3 比重濃縮法 ･･ 81

第7章　微生物の増殖 ･･ 83
7.1 微生物増殖の理論式 ･･ 83
7.2 バッチ培養における微生物の増殖曲線 ･･････････････････････････････････ 86
   7.2.1 誘導期 ･･ 86
   7.2.2 対数増殖期 ･･ 87
   7.2.3 定常期 ･･ 87
   7.2.4 死滅期 ･･ 88
7.3 微生物の培養方法 ･･ 88
   7.3.1 前培養 ･･ 88
   7.3.2 本培養 ･･ 89
7.4 増殖過程の評価 ･･ 92
   7.4.1 乾燥重量 ･･ 92
   7.4.2 濁度 ･･ 93
   7.4.3 全細胞数 ･･ 95
   7.4.4 生菌数 ･･ 97

第8章　タンパク質の濃縮と分析 ･･ 101
8.1 菌体と培地の分離 ･･ 101
8.2 タンパク質の抽出と回収 ･･ 102
   8.2.1 超音波処理 ･･ 102
   8.2.2 リゾチーム処理 ･･ 104
   8.2.3 ドデシル硫酸ナトリウム処理 ･･････････････････････････････････ 104
8.3 タンパク質の濃縮と回収 ･･ 105
   8.3.1 有機溶媒沈殿 ･･ 105
   8.3.2 硫安沈殿 ･･ 106
   8.3.3 トリクロロ酢酸(TCA)沈殿 ････････････････････････････････････ 107
   8.3.4 限外ろ過 ･･ 107
   8.3.5 ポリエチレングリコール(PEG)濃縮 ････････････････････････････ 108
8.4 脱塩操作 ･･ 109
8.5 タンパク質の定量法 ･･ 110
   8.5.1 紫外吸収法(UV法) ･･ 110
   8.5.2 ローリー法 ･･ 110
   8.5.3 ブラッドフォード法 ･･ 111
8.6 電気泳動法 ･･ 112
   8.6.1 SDS-ポリアクリルアミドゲル電気泳動(SDS-PAGE)法 ･･････････ 112

8.6.2　ネイティブポリアクリルアミドゲル電気泳動（ネイティブPAGE）法
　　　　　　　　　　　　　　　　　　　　　　　　　　　　　　　　116
　　　8.6.3　ブルーネイティブポリアクリルアミドゲル電気泳動
　　　　　　（ブルーネイティブPAGE）法 ･････････････････････････ 116
　　　8.6.4　等電点電気泳動法 ･････････････････････････････････ 116
　　　8.6.5　二次元電気泳動法 ･････････････････････････････････ 117
　8.7　N末端配列の決定法（エドマン分解法） ････････････････････････ 118
　8.8　質量分析によるタンパク質の分子量の測定 ･･･････････････････ 119
　　　8.8.1　MALDI-TOF MS ･････････････････････････････････ 119
　　　8.8.2　LC-MS/MS ･･･････････････････････････････････････ 120

第9章　免疫学的手法 ･･･ 123
　9.1　抗原-抗体反応 ･･･ 123
　9.2　抗体の調製 ･･･ 125
　　　9.2.1　抗血清，ポリクローナル抗体およびモノクローナル抗体 ･･･ 125
　　　9.2.2　抗血清（ポリクローナル抗体）の調製 ････････････････････ 125
　　　9.2.3　モノクローナル抗体の調製 ････････････････････････････ 126
　9.3　抗体による抗原の検出と定量 ･･･････････････････････････････ 128
　　　9.3.1　免疫拡散法 ･･･ 128
　　　9.3.2　免疫凝集法 ･･･ 129
　　　9.3.3　ELISA ･･ 130
　　　9.3.4　ウエスタンブロット法 ･･････････････････････････････････ 132
　9.4　抗体を用いた抗原の精製 ････････････････････････････････････ 134

第10章　遺伝子工学的手法 ･････････････････････････････････････ 137
　10.1　遺伝子工学で用いられる酵素 ･･････････････････････････････ 137
　　　10.1.1　制限酵素 ･･ 137
　　　10.1.2　DNAリガーゼ ･････････････････････････････････････ 140
　　　10.1.3　DNAポリメラーゼ ･････････････････････････････････ 141
　　　10.1.4　その他の酵素 ･･････････････････････････････････････ 142
　10.2　染色体DNAの抽出 ･･･････････････････････････････････････ 142
　10.3　大腸菌のためのベクター ･･･････････････････････････････････ 143
　　　10.3.1　宿主とベクター ･････････････････････････････････････ 143
　　　10.3.2　プラスミドベクター ･･････････････････････････････････ 144
　　　10.3.3　ファージベクター ･･･････････････････････････････････ 146
　10.4　大腸菌への遺伝子導入 ････････････････････････････････････ 147
　　　10.4.1　プラスミドによる形質転換 ･･･････････････････････････ 147
　　　10.4.2　ファージを用いた形質導入 ･････････････････････････ 147
　10.5　遺伝子ライブラリーからのスクリーニング ･･････････････････････ 148
　10.6　プラスミドDNAの抽出 ････････････････････････････････････ 149
　10.7　β-ガラクトシダーゼのα相補性 ･････････････････････････････ 150

目次

- 10.8 DNA塩基配列の決定法 ······ 151
  - 10.8.1 ジデオキシ法（サンガー法） ······ 152
  - 10.8.2 次世代シーケンサー ······ 154
  - 10.8.3 次世代シーケンサーの応用 ······ 156
- 10.9 ポリメラーゼ連鎖反応法による遺伝子の増幅 ······ 157
- 10.10 逆転写PCR法 ······ 159
- 10.11 リアルタイムPCR法 ······ 160
- 10.12 デジタルPCR法 ······ 161
- 10.13 DNAマイクロアレイ法 ······ 162
- 10.14 RNA-Seq解析 ······ 164
- 10.15 ゲノム編集 ······ 164

第11章 遺伝子組換え実験の安全性 ······ 167

- 11.1 バイオハザード ······ 167
- 11.2 カルタヘナ議定書 ······ 168
- 11.3 カルタヘナ法 ······ 169
  - 11.3.1 生物の定義 ······ 169
  - 11.3.2 遺伝子組換え生物の定義 ······ 169
- 11.4 遺伝子組換え実験における拡散防止措置 ······ 171
  - 11.4.1 物理的封じ込め ······ 171
  - 11.4.2 生物学的封じ込め ······ 174
- 11.5 遺伝子組換え実験の実施 ······ 175
- 11.6 遺伝子組換え実験の注意点 ······ 178

第12章 各種汎用機器の取り扱い ······ 181

- 12.1 天びん ······ 181
- 12.2 pHメーター ······ 182
- 12.3 遠心分離機 ······ 184
- 12.4 分光光度計 ······ 187
  - 12.4.1 ランバート・ベールの法則 ······ 188
  - 12.4.2 分光光度計の構成 ······ 189
  - 12.4.3 吸光度の測定 ······ 189
- 12.5 細胞破砕装置 ······ 190
  - 12.5.1 超音波ホモジナイザー ······ 190
  - 12.5.2 フレンチプレス ······ 191
  - 12.5.3 ビーズ式ホモジナイザー ······ 191
- 12.6 紫外線(UV)トランスイルミネーター ······ 192
- 12.7 製氷機 ······ 193
- 12.8 マイクロピペット ······ 193
- 12.9 低温室における精密機材の取り扱い ······ 195

付録 ······ 196

第1章 微生物の発見と利用

微生物(microbe あるいは microorganism)は，肉眼では見えず，光学顕微鏡などによって観察できる微小な生物の総称である．人類と微生物のかかわりは古く，古代エジプトにまで遡る．17世紀に微生物を発見して以降，人類による微生物利用の進展はめざましい．最近では，環境中に存在する分離・培養が困難な未知微生物の全ゲノム配列決定はいうに及ばず，未知微生物のゲノムを全合成しその細胞を人工的に作り上げることも夢ではない．

1.1 ■ 人類と微生物のかかわり

人類による最初の微生物利用の例としてあげられるものに，パンやビールなどの発酵食品がある．古代エジプトの壁画にはすでにビール造りの様子が描かれている(図 1.1)．また，旧約聖書の「人はパンのみにて生くるにあらず」という有

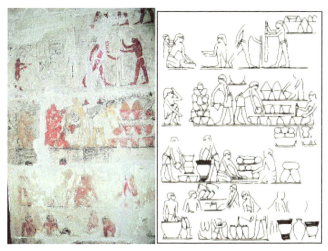

図 1.1　ビール造りの様子が描かれている古代エジプトの壁画(左)とそのトレース(右)
[吉村作治，新鐘，No. 70, p. 38, 早稲田大学(2004)]

名なフレーズにあるように，当時すでに人類はパンを日常的に食していたことがわかる．日本でも，みそ，しょう油，清酒など，多くの発酵食品が独自に発展し，日本文化の形成に密接に関連してきた．しかしながら，当時は微生物そのものの存在も知られておらず，人類はこれら発酵食品への微生物の関与を知る由もなかった．

1.2 ■ 微生物の発見と近代微生物学の幕開け

17世紀に入り，A. van Leeuwenhoek が顕微鏡を発明したことが，微生物の発見につながる．Leeuwenhoek の顕微鏡は，直径 1 mm 程度の球形のレンズを金属板にはめ込んだだけの簡便なものであった（図 1.2）．Leeuwenhoek は，雨水，井戸水，海水，雪解け水の中に「小さな動物（=微生物）」がいることを報じた．そして，歯垢中の微生物を観察した論文に示されたスケッチでは，桿菌，球菌，らせん菌（スピロヘータ）が見事に描写されていた（図 1.3）．しかしながら，

図 1.2 初期 Leeuwenhoek 型の顕微鏡
［フリー百科事典ウィキペディアより転載］

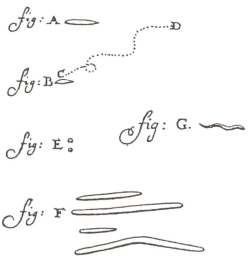

図 1.3 Leeuwenhoek が歯垢中の微生物を観察した論文に示されたスケッチ
A：桿菌，B：桿菌のCからDへの移動の様子が示されている，E：球菌，F：桿菌，G：らせん菌
［K. Horikoshi, *Microorganisms in Alkaline Environments*, Kodansha (1991), p. vii］

Leeuwenhoek はこの小さな動物と発酵食品との関係には気づいていなかった．

微生物の発見から約200年後の19世紀後半には，微生物はどのように発生するかに注目が集まっていた．当時，微生物は無生物から自然に発生するとする自然発生説を支持する学派と，それを否定する学派が論争を繰り広げていたが，最終的には，L. Pasteurによって自然発生説は完全に否定された．Pasteur は，口のガラス管が白鳥（スワン）の首のように細長く伸びたフラスコ（図1.4）に肉汁を加えて煮沸し，ゆっくり冷やして室温に置くと，フラスコの口を密閉しなくとも，肉汁が腐敗しないことを示した．口のガラス管が細長いため，空気は通っても，空気中の微生物はその管を上っていけず，フラスコ内に届かないためである．また，Pasteur は発酵や腐敗といった現象に微生物が関与することを突き止め，さらには低温加熱（60℃）によりワインの腐敗が防げることを示している．この低温殺菌法はパスツリゼーション（2.5節参照）とよばれ，現在も食品の殺菌法として広く採用されている．

Pasteur とならび，19世紀後半に活躍した微生物学者としては，微生物の純粋分離法を確立した R. Koch があげられる．これまで微生物の培養には液体培地が用いられてきたが，この方法では多くの微生物が混在する試料の中から単一微生物を分離することは困難であった．Koch は，肉汁にゼラチンを加えてガラス製シャーレの中で固化させた固体培地を開発し，炭疽菌，結核菌，コレラ菌などの

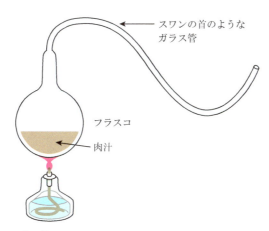

図 1.4　Pasteur のフラスコ
［掘越弘毅 編，井上 明，中島春紫 著，図解　微生物学入門，オーム社（2009），p. 4 より改変］

表 1.1　主な病原性微生物とその発見者
[中島春紫，微生物の科学，日刊工業新聞社(2013)，p.23 より改変]

年	疾病	病原性微生物	発見者
1873	ハンセン病	*Mycobacterium leprae*	G. A. Hansen
1877	炭疽病	*Bacillus anthracis*	R. Koch
1878	化膿	*Staphylococcus*	R. Koch
1879	淋病	*Neisseria gonorrhoeae*	A. L. S. Neisser
1880	腸チフス	*Salmonella enterica* Typhi	C. J. Eberth
1882	結核	*Mycobacterium tuberculosis*	R. Koch
1883	コレラ	*Vibrio cholerae*	R. Koch
1883	ジフテリア	*Corynebacterium diphtheriae*	T. A. E. Klebs
1884	破傷風	*Clostricium tetani*	A. Nicolaier
1885	下痢	*Escherichia coli*	T. Eschericia
1886	肺炎	*Streptcoccus pneumoniae*	A. Fraenkei
1888	食中毒	*Salmonella enteritidis*	A. A. H. Gaeriner
1892	壊疽	*Clostridium perfringens*	W. H. Welch
1894	ペスト	*Yersinia pestis*	北里柴三郎，A. J. E. Yersin
1896	ボツリヌス中毒	*Clostridium botulinum*	E. M. P. van Ermengem
1898	赤痢	*Shigella dysenteriae*	志賀 潔
1903	梅毒	*Treponema pallidum*	F. R. Schaudinn, E. Hoffman

病原性微生物を次々と分離した．微生物の純粋分離法は，その後の微生物学の発展に大きな影響をもたらすことになる．実際，Kochによる病原性微生物の発見を皮切りに，短期間に多くの病原性微生物が発見された（表1.1）．発見者の中には，北里柴三郎や志賀 潔といった日本人の名前もみられる．また，Kochはゼラチンの代わりに寒天を含む固体培地も開発したが，寒天を用いた固体培地は，現在も微生物研究において広く活用されている．

1.3 ■ 微生物学と発酵工業

微生物の機能を利用して有用物質を生産する産業は発酵工業とよばれる（表1.2）．19世紀末から20世紀初頭にかけて，乳酸，クエン酸，酢酸などを生

表 1.2 発酵工業の分類
[日本大百科事典(ニッポニカ)「発酵工業」, 小学館]

分類	生産物
1. アルコール発酵	飲料用エタノール
2. 有機酸発酵	クエン酸, グルコン酸, リンゴ酸
3. アミノ酸発酵	L-グルタミン酸, L-リシン(L-リジンともいう), L-トレオニン(L-スレオニンともいう), L-トリプトファン, L-フェニルアラニン, L-バリン
4. 核酸関連物質	イノシン酸, グアニル酸, アデノシン三リン酸, アデノシン二リン酸, 活性型ビタミン B_2
5. 酵素	アミラーゼ, プロテアーゼ, セルラーゼ, リパーゼなど
6. 抗生物質	ペニシリン, セファロスポリン, ストレプトマイシン, カナマイシン, マイトマイシン C, ブレオマイシン, クロモマイシン A_3, ブラストサイジン S, カスガマイシンなど
7. その他	各種アルコール飲料, みそ, しょう油, 納豆, チーズ, 発酵バター, 乳酸菌飲料, 発酵乳, 食酢など

産する有機酸発酵が始まり，ついでアルコール発酵が行われるようになった．第一次世界大戦の頃には，アセトン，ブタノールなどの有機溶媒やビタミン類などが工業生産された．さらに，1929 年に A. Fleming によってペニシリンが発見され，細菌感染症治療に大きなインパクトを与えたのみならず，その工業化の過程で発展した菌株の改良法，人工的に作製した変異株を用いた代謝経路の研究など，微生物研究の進展にも大いに貢献した．そして，第二次世界大戦後は多くの抗生物質が発見され，抗生物質生産は短期間のうちに発酵工業の大きな分野の 1 つに成長した．さらに，日本の発酵工業を世界一に押し上げたグルタミン酸などのアミノ酸発酵，イノシン酸など核酸関連物質の発酵生産などは，「微生物の多様性と無限ともいえる能力を信じる」という日本人の微生物に対する独自の考え方に基づき発見されたものである．京都の曼殊院門跡の境内には，菌塚とよばれる微生物の供養塚がある(図 1.5)．このようなところにも，日本の文化が色濃く表れている．

1.4 ■ 遺伝子組換えとゲノム編集

1953 年に J. D. Watson と F. H. C. Crick により DNA の二重らせん構造が報告

第 1 章　微生物の発見と利用

図 1.5　京都曼殊院門跡にある菌塚
［「菌塚のホームページ」より転載］

され，微生物学は新しい方向へ向かい始めた．1972 年に P. Berg は 2 種類のウイルス（SV40 ウイルスと λ ファージ）の DNA を試験管内で連結し，組換え DNA 分子を作製した（図 1.6）．また，翌 1973 年には S. S. Cohen と H. W. Boyer が，ブドウ球菌（*Staphylococcus* 属細菌）由来の DNA とプラスミド（微生物内で自律複製可能な小環状 DNA，10.3.1 項参照）を連結し，大腸菌に導入する実験を行った．これら一連の研究により，人類は生物の遺伝子を自由に操作する技術を確立したことになる．当時，「遺伝子操作技術」とよばれた技術は，「遺伝子工学技術」や「組換え DNA 技術」，さらには「遺伝子組換え技術」など，時代とともにその名称を変化させてきた．

　人類が遺伝子を自由に操作する技術を手にした一方で，その技術に危機感を感じる研究者がいたことも事実である．Berg の呼びかけにより，1975 年に遺伝子組換え実験に関するガイドラインについての国際会議（アシロマ会議）が開催され，遺伝子組換え実験実施についての国際的指針が整備されていくことになった．このアシロマ会議を受け，日本では 1979 年「組換え DNA 実験指針」が策定された．その後，遺伝子組換え作物の実用化に連動する形で，生物多様性の保全や自然環境の持続可能な利用に対する悪影響を防止することを目的として，遺伝子組換え生物などの扱いを定めた「バイオセーフティに関するカルタヘナ議定

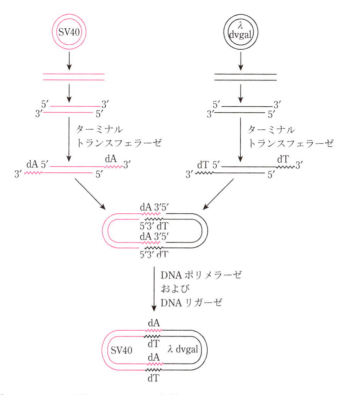

図 1.6 Berg による組換え DNA 分子の作製実験
2 種類のウイルス(SV40 ウイルスと λdvgal ファージ) DNA を切断し,酵素(ターミナルトランスフェラーゼ)を用いて 3′ 末端にポリ A ないしポリ T を付加する.両者を試験管内で混合し,酵素(DNA ポリメラーゼおよび DNA リガーゼ)を用いて修復・連結することで,組換え DNA 分子を作製した.
[掘越弘毅 監修,井上 明 編,ベーシックマスター微生物学,オーム社(2006),p. 115 を改変]

書」が 2000 年に採択された.そして,日本では 2004 年から「遺伝子組換え生物等の使用等の規制による生物の多様性の確保に関する法律」(カルタヘナ法,11.3 節参照)が施行され,現在に至っている.

ごく最近開発された技術に,ゲノム編集がある(10.15 節参照).ゲノム上の特定の遺伝子をノックアウト(破壊)したり,ノックイン(挿入)する画期的な技術である.上述のカルタヘナ法ではゲノム編集を想定していないが,外来遺伝子を導入する場合については遺伝子組換えと同様な規制が検討されている.

1.5 ■ 微生物学の行方

　近代微生物学が勃興してわずかに150年，微生物学はまだまだ若い学問であり，未知の部分が多々残されている．例えば，1 gの土壌中には10^8〜10^9くらいの微生物が存在するといわれている．しかしながら，分離して培養できる微生物はその10％以下にすぎない．一方で，環境中のさまざまな試料に含まれる微生物群集のゲノムを，微生物の分離や培養を介さずに網羅的に解析するメタゲノム解析が行われるようになった．今後，次世代シーケンサーの機能が向上し，バイオインフォマティクスが発展することで，メタゲノムの情報が爆発的に蓄積されていくであろう．この方法を用いることで，土壌中に含まれるすべての微生物のゲノム情報を得ることも可能になる．それどころか，これまで分離できなかった未知の微生物のゲノム情報に基づいてそのゲノムを全合成し，微生物細胞そのものを人工的に作り上げることも夢ではない．2003年に完了した「ヒトゲノム計画（Human Genome Project）」はヒトの全ゲノム配列を解読しようとする国際プロジェクトであったが，今度はヒトゲノムの全合成をめざす国際プロジェクト「ヒトゲノムプロジェクト・ライト（Human Genome Project-Write）」が始まろうとしている．

　本書で勉強をして微生物学研究を開始した読者が，将来，新しい微生物学・生物学を開拓していくことを大いに期待したい．

column　ボジョレー・ヌーヴォー

　毎年11月になるとフランスから空輸で届く「ボジョレー・ヌーヴォー」のニュースが流れる．「ボジョレー」は地名，「ヌーヴォー」は新しいという意味．フランス・ブルゴーニュ地方の「ボジョレー」地区で，その年に収穫されたブドウを使った「新酒」の赤ワインを「ボジョレー・ヌーヴォー」という．このワインは，解禁日が毎年11月の第3木曜日午前0時と決まっており，時差の関係で日本では他国に比べ早く飲むことができる．通常の赤ワインの製法とは少し異なる製法で造られており，さらに使用するブドウの品種，そして熟成期間がきわめて短い「新酒」という特性上，一般的な赤ワインとは少し違い，かなりフルーティな味わいとなっている．毎年おいしくいただけるのも微生物によるアルコール発酵の賜物である．

第2章 培地の作製と滅菌法

　本章では，微生物実験の基本となる培地の作製と各種滅菌技術について取り上げる．昨今，これらを十分に理解しないで実験を行っている学生が増えていると感じる．そのような学生に対して，しっかりと理解してほしい内容を盛り込んだ．

2.1 ■ 培地の組成

　微生物を生育させるための培地は，性状から分けると**液体培地**(liquid medium)と**固体培地**(solid medium)に，培地の成分で分けると**合成培地**(synthetic medium)と**天然培地**(complex medium)に分類できる．大量に均一な微生物を生育させるときには液体培地を用いるが，多種類の微生物が混合している自然界の試料から特定の微生物を単離しようとするときには，増殖した微生物が互いに入り混ざらない固体培地を用いる必要がある．

　近代微生物学は，固体培地の開発により，微生物を単一細胞として単離できるようになったときに始まった．当初はジャガイモを輪切りにしたものやゼラチンを固めたものが固体培地として用いられたが，微生物が内部まで侵入したり培地を溶かしたりしてしまうことが多かった．そこで，寒天により培地を固体化する工夫がなされた．寒天の溶解には100℃近い温度が必要だが，冷却しても45℃くらいまでは凝固しないという培地調製には都合のよい性質をもつことに加え，寒天の成分であるアガロースを分解する微生物はめったに存在せず培地を溶かされる心配が少ないため，現在，固体培地にはほとんど寒天培地が用いられている．なお，極限環境微生物である超好熱性古細菌などを高温で培養する場合，寒天で作製した固体培地は溶解してしまう．このような場合，グランガム(商品名ゲルライト®)という多糖が利用される．

　無機塩類や糖などの化学成分がはっきりしているものだけを混合して作る培地を合成培地といい，微生物のアミノ酸要求性などの栄養検定や特定化合物分解菌の探索に用いられる．特定の微生物の生育に最低限必要な栄養を添加した合成培

地を**最少培地**(minimum medium，最小培地ともいう)という．大腸菌や枯草菌の最少培地としてはM9培地が知られている．これに対し，肉汁や酵母エキスなど化学組成が明らかではない天然成分が含まれている培地を天然培地といい，微生物を培養するときに一般的に用いられる．合成培地を用いる場合の注意点としては，実験に使用する微生物が要求するアミノ酸，ビタミンなどをすべて加える必要がある点である．

よく用いられる天然培地成分としては，以下のものがある．

(1) **ペプトン**(peptone)

加熱滅菌時の凝固を防ぐため，牛乳カゼイン，獣肉，大豆タンパク質などをペプシン，トリプシン，パパインといったタンパク質分解酵素(プロテアーゼ)で分解したものを乾燥した粉末で，オリゴペプチド，アミノ酸が主成分である．ペプトンには用いる材料および分解酵素によっていろいろな種類がある．カゼインペプトンはトリプトファンが比較的多く，硫黄を含むアミノ酸が少ない．一方，獣肉ペプトンはトリプトファンが少なく含硫黄アミノ酸が多いため，微生物生育用には両者を混合した混合ペプトン(Bacto-Peptoneやポリペプトンといった商品名で市販されている)がよく用いられる．また，タンパク質をトリプシンで分解したものはトリプトンといい，比較的分子量の大きいペプチドを多く含む．

(2) **カザミノ酸**(casamino acids)

牛乳カゼインを塩酸加水分解によりアミノ酸に分解したもの．カゼインは牛乳に含まれる乳タンパク質の約80％を占めるタンパク質である．加水分解処理によって失われるトリプトファン以外のアミノ酸を適当な比率で含む．ほぼ完全にアミノ酸のみからなるため，合成培地にもアミノ酸混合物として用いられる．

(3) **酵母エキス**(yeast extract)

生育させた食用酵母を空気遮断すると自己溶解を起こすことを利用して得られる細胞抽出液を乾燥させた粉末．アミノ酸，核酸，ビタミンを多く含み，きわめて栄養豊富である．

(4) **麦芽エキス**(malt extract)

麦芽の抽出物を乾燥した粉末で，麦芽糖など糖質を多く含む．

> **column　カゼインって凄い！**
>
> 　カゼインタンパク質は，牛乳中に約3％含まれ，牛乳に含まれる乳タンパク質の約80％を占めている．カゼインを構成するアミノ酸のうち，セリン残基には側鎖のヒドロキシ基にリン酸基がエステル結合したホスホセリン残基が多くみられる．そのため，カゼインは分子全体としてマイナスの電荷を帯びており，カルシウムイオンやナトリウムイオンと結びつきやすい性質がある．このため，牛乳中にはたくさんのカルシウムが含まれている．牛乳中でカゼインは，カルシウム-カゼイン-リン酸複合体の形でコロイド状の粒子を形成して安定化し，均質なコロイド溶液となり，これが複合体を長期間保つ役割を果たしている．カゼインの等電点は pH 4.6 にあり，等電点の違いを利用して牛乳中からカゼインを容易に分離することもできる．牛乳中で乳酸菌が発酵して酸を生産することでカゼインが固まるとヨーグルトができる．アミノ酸組成の偏りが少なく均質なタンパク質を容易に得ることができるので，微生物培養用のペプトンやカザミノ酸の原料として広く利用されている．

(5) **肉エキス**（beef extract）
　動物肉（またはそれにカツオを加えたもの）の抽出物を濃縮したもの．ペースト状で市販されている．

　このほかに，可溶性デンプン（soluble starch）も用いられる．また，発酵工業用の培地成分としては安価なコーン・スティープ・リカー（corn steep liquor），廃糖みつなどが利用されている．
　微生物の種類と培養目的によって，上記の培地成分を組み合わせたさまざまな培地が工夫されている．代表的な培地組成についていくつか紹介する．

(1) **LB 培地**（Luria Bertani broth）
　組成：トリプトン-10 g，酵母エキス-5 g，NaCl-10 g，蒸留水-1,000 mL
　1 M 水酸化ナトリウム水溶液の添加により pH 7.2 - 7.4 に調整する．大腸菌の生育にもっとも用いられる天然培地．
(2) **L 培地**（Luria broth）
　組成：トリプトン-10 g，酵母エキス-5 g，NaCl-5 g，蒸留水-1,000 mL
　1 M 水酸化ナトリウム水溶液の添加により pH 7.2〜7.4 に調整する．大腸菌の

生育に一般に用いられる天然培地．LB 培地とは NaCl 濃度が異なる．

(3) **肉汁培地**

組成：肉エキス-10 g，ペプトン-10 g，NaCl-5 g，蒸留水-1,000 mL

広く微生物実験に用いられる培地．

(4) **M9 培地**

組成：$Na_2HPO_4 \cdot 7H_2O$-12.8 g，KH_2PO_4-3 g，NaCl-0.5 g，NH_4Cl-1 g，蒸留水を加え，1,000 mL にする．別滅菌した 20% グルコース-20 mL，1 M $MgSO_4$-2 mL，1 M $CaCl_2$-0.1 mL をあとから混合する（2.2 節参照）．

このほか，必要なアミノ酸，ビタミンなども適宜添加する．各種の遺伝学・生化学的実験に用いられる合成培地であり，大腸菌や枯草菌の最少培地としても用いられる．

(5) **MY 培地**

組成：酵母エキス-3 g，麦芽エキス-3 g，ポリペプトン-5 g，グルコース-10 g，蒸留水-1,000 mL

pH 6.0 に調整する．酵母・カビの培養と保存によく用いられる培地．

(6) **Bennet 培地**

組成：グルコース-10 g，肉エキス-1 g，ポリペプトン-2 g，酵母エキス-1 g，蒸留水-1,000 mL

pH 7.2 に調整する．放線菌用の培地．

固体培地を作製するときには，上記の組成の培地に寒天を 1.5～2% 加えてオートクレーブ滅菌（2.5 節参照）を行う．

天然培地成分は同じ名称であっても，メーカーまたは製造ロットにより微生物の生育状況が異なることがあるため，再現性を確認する実験では注意が必要である．一方，遺伝子工学的手法によって作られる遺伝的組換え体は薬剤耐性マーカーにより選択することが多く（8.3 節参照），この場合は対応する抗生物質を添加した培地を調製する．分類や同定の目的で微生物の生理学的性質を検討する際には，生理学的性質を反映する発色試薬を添加した培地を用いる．

さらに，特定の物質を分解・資化する微生物を探索するときには，その物質が唯一の炭素源（または窒素源）となる培地を調製して，生育する微生物を選択する．これを集積培養という（3.5 節参照）．集積培養では，薬剤や温度などの化学

的・物理的条件を設定して目的の微生物だけが優先的に生育・増殖するように工夫されている．微生物学の専門書には数十種類の培地が記載されているが，実際の培地の種類は微生物の種類の数だけ，または生理試験の数だけあるといっても過言ではなく，常に新しい組成の培地が工夫されている．

2.2 ■ 別滅菌の注意事項

　培地は加熱滅菌しなければ用いることはできないが，成分によっては高熱をかけることによって褐色変性（褐変），分解，沈殿を生じることがある．そのため，合成培地を調製する際には特に注意が必要である．

　例えば，アミノ酸と糖類を同時に加熱すると，アミノ酸のアミノ基と糖のカルボニル基が反応して褐色に変性する（**メイラード反応**，Maillard reaction）ため，別々に加熱滅菌（**別滅菌**という）しなければならない．リン酸と糖でも同様の反応により褐色変性が起こる．また，リン酸塩とマグネシウムまたはカルシウム塩を同時に加熱すると，リン酸マグネシウム（またはカルシウム）の沈殿が生じる．寒天は酸性に弱いため，pH 4以下の酸性培地を寒天と一緒に加熱すると変質して固まらなくなる．炭酸ナトリウムを1%程度添加することによってpH 10前後としたアルカリ性培地も，寒天と一緒に加熱すると培地が真っ黒に変性する．変性の可能性のある培地成分は，すべて別々に加熱滅菌し60℃くらいまで冷却してから混合して培地を調製する．抗生物質やビタミン類は加熱処理によって分解失活することが多いため，別にろ過除菌（2.6節参照）を行い，ほかの培地成分が冷めてから混合するのが普通である．

> **column**
>
> ### メイラード反応とカラメル反応
>
> 　培地を滅菌するとき，すべての培地成分を一緒に混合して滅菌すると不都合な場合がある．その一例に，アミノ酸と糖類を同時に加熱すると褐色変性（褐変）してしまうメイラード反応がある．厄介者に見えるこの反応，実は私たちの食生活を豊かに彩るために一役買っているのをご存じだろうか．メイラード反応が関与するものには次のようなものがある．肉を焼いたり玉ねぎを炒めたりすることによる褐変，珈琲豆の焙煎による褐変，黒ビールやチョコレートの色素形成，みそやしょう油の色素形成．ちなみに，砂糖から作る飴の一種であるべっ甲飴は，カラメル反応という別反応である．この場合にできる焦げは糖の炭化である．

2.3 ■ 平板培地と斜面培地

固体培地は，**平板培地**（プレート，plate）と**斜面培地**（スラント，slant）が代表的である（図 2.1）．平板培地は微生物の培養，分離，検定，比較など多くの目的に用いられ，斜面培地は主に菌株の保存に用いられる．平板培地の作製には以前はガラス製のシャーレがよく用いられたが，現在はあらかじめ滅菌されたプラスチック製のものが市販されている．直径 90 mm のシャーレ 1 枚あたり 20 mL を目安として，三角フラスコにまとめて培地を調製してオートクレーブ滅菌し，60℃ くらいまで冷めるのを待ってからシャーレに培地を目分量で次々に注いでいく．培地が冷めて固まるにつれてふたの裏側に水蒸気による水滴が付くため，水滴が培地上に落ちないようにシャーレの培地側を上にして保存し，寒天培地の表面を乾燥させてから実験に用いる（7.4.4 項参照）．作製した固体培地は乾燥を防ぐため，ジッパー付きビニール袋に入れて冷暗所に保存する．

斜面培地を作製する際には，培地を加熱して寒天を溶解してから試験管に分注し（内径 18 mm の中型試験管では 1 本につき約 7 mL），栓をして加熱滅菌する．

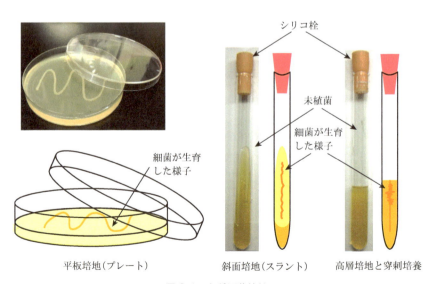

図 2.1　各種固体培地

滅菌終了後は寒天が溶解しているうちに試験管を斜めに固定して，培地を斜面状に固形化させる．寒天が固化すると凝縮水が出るので，できあがった斜面培地は，培地表面を乾燥させてから使用する．**軟寒天培地**(soft agar medium)は，液体培地に 0.2〜0.5%の寒天を含んだ半固体培地であり，主にシャーレを用いて微生物の運動性の確認をするときや，試験管に**高層培地**(stab medium)を調製し，針状の白金耳で嫌気性細菌を穿刺植菌して(3.6 節参照)細菌の保存や糖の資化性試験などをするときに用いられる(図 2.1)．

2.4 ■ 液体培地

　微生物には生育に酸素を必要とするもの(**好気性菌**，aerobe)と必要としないもの(**嫌気性菌**，anaerobe)がある．好気性菌を培養するときには，培地の通気性が特に重要である．液体培地は培養規模と通気性によって，いろいろな容器が工夫されている(図 2.2)．小規模の培養の場合は，培養容器を振とう培養機を用いて 50〜300 rpm 程度の速度で往復または回転させることにより，培養液と空気を混ぜ合わせて微生物の生育に必要な通気を確保する(7.3 節参照)．培養スケールが 1〜5 mL 程度ならば試験管(図 2.2(a))で直接培養することができる．10 mL 程度になると通常の試験管では撹拌効率が悪く通気性が問題になるため，L 字型(図 2.2(b))または T 字型の試験管を用いることが多い．50〜1,000 mL 程度では，坂口フラスコ(図 2.2(c))とよばれる丸いフラスコまたは三角フラスコ(図 2.2(d)，(e))を振とう台上に固定して，大きく往復または回転させながら培養を行う．ひだ付き三角フラスコ(図 2.2(e))は内部に突起(ひだ)が出ていて撹拌効率を上げるようになっている．10 L 以上の大量培養では，内部に撹拌器や温度・pH コントローラーの付属した**ジャーファーメンター**(jar fermenter，図 2.2(f))とよばれる培養装置を用いる．

　培地を培養容器に無菌的に封入しておくための栓もいろいろ工夫されている(図 2.3)．未脱脂綿を丸めて固めた綿栓は昔から用いられている封入栓であり，一度試験管に差して乾熱滅菌(2.7 節参照)処理を行うと形よくまとまって使いやすくなる．通気性もよく優秀な封入栓であるが，作製するのに手間と熟練が必要である．市販の紙栓は，信頼性がやや劣るが安価で通気性にすぐれる．現在もっともよく使われているのは多孔性のシリコン樹脂の栓(通称**シリコ栓**)であり，各

(a) 試験管　(b) L字試験管　(c) 坂口フラスコ　(d) 三角フラスコ　(e) ひだ付き三角フラスコ

(f) ジャーファーメンター

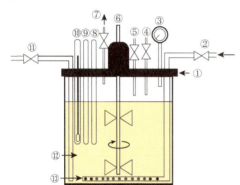

① 着脱上ぶた
② 空気入口（無菌フィルターを介して）
③ 圧力計
④ 消泡剤
⑤ 酸・アルカリ注入口
⑥ 撹拌軸
⑦ 空気出口（無菌フィルターを介して）
⑧ pHセンサー
⑨ 溶存酸素センサー
⑩ 温度計
⑪ サンプリング口
⑫ 温度調節用ジャケット（橙色部分）
⑬ スパージャー（散気管）

図 2.2 液体培養用の容器

(a) 綿栓　(b) シリコ栓（プラグ型）　(c) アルミキャップ

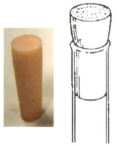

図 2.3 無菌封入のための各種栓

種の口径のものが市販されている．シリコ栓の特徴としては，耐熱性・耐久性にすぐれ，取り扱いが容易である点があげられる．シリコ栓の形状には綿栓よりも培地の水分蒸発を抑えられるプラグ型と高通気性で振とう培養に適したキャップ型（図 2.2 (d), (e) 参照）などがある．さらに，長期保存用にはスクリューキャップ（ネジロ）付きの試験管が便利である．酸素に接触すると死滅する**偏性（絶対）嫌気性細菌**の培養や，培養中の水分の蒸発を抑える必要がある場合には，密度の高いシリコン樹脂やブチルゴム製の密栓が用いられる．これらの栓は長時間の培養・保存が目的であるため，1つ1つしっかり差し込まなければならない．培養液の希釈など迅速な脱着が必要な場合は，試験管にすっぽりかぶせるアルミキャップが用いられる．操作性がよく，直接乾熱滅菌（2.7 節参照）できるうえ，無菌性も比較的良好に保たれる利点がある．

2.5 ■ オートクレーブ滅菌

　培地，培養器，器具類は微生物実験をする前に必ず滅菌しなければならない．1つでも滅菌操作の不完全なものがあると，そこから雑菌が侵入しネズミ算的に増殖してしまうため，対象や目的に応じた適切な滅菌方法に習熟する必要がある．

　常温で生育する微生物しか侵入できないことのわかっている食品，生酒などでは，**パスツリゼーション**（pasteurization，**低温滅菌法**）とよばれる 60℃，20 分程度の加熱処理が行われる．通常の腸内細菌や乳酸菌類はこの程度の加熱処理で死滅する．しかし，地球上には 100℃近い温度でも生育可能な超好熱性古細菌や耐熱胞子を形成する細菌が存在するため，微生物実験にはもっと過酷な滅菌処理条件が必要である．

　大型の培養装置の培養槽やパイプは，ボイラーから熱水蒸気を通じて殺菌する．通常，100℃では分裂増殖中の細胞は完全に死滅するが，休眠中の耐熱胞子を死滅させることはできないので，1日置いて胞子が発芽するのを待って再び蒸気を通じる**間欠滅菌**（intermittent sterilization）を行わなければならない．

　人間の生活空間や実験室などの通常の環境では枯草菌の耐熱胞子がもっとも耐熱性が強いので，これを死滅させる条件が加熱滅菌の基準となる．**オートクレーブ**（autoclave，高圧蒸気滅菌器）は，微生物を扱う実験室には必ず備え付けられ

(a) オートクレーブ滅菌装置　　(b) ろ過(フィルター)除菌

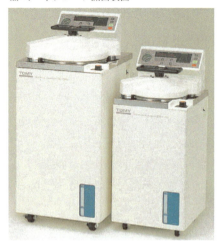

(c) 乾熱滅菌装置と乾熱滅菌缶

図 2.4　各種滅菌装置
　　〔(a)は(株)トミー精工，(b)の左は GE ヘルスケア・ジャパン(株)，右は(株)三商，(c)はアズワン(株)ホームページより転載〕

ている滅菌装置で，加圧水蒸気により 100℃ 以上の温度で滅菌が行われる（図 2.4(a)）．オートクレーブは滅菌槽（圧力釜）に試料を詰め，槽内に十分水が入っていることを確かめてからふたを閉めてスイッチを入れる．はじめはバルブを開いたまま内部の水を加熱し，内部の空気が追い出されて水蒸気に置換されたところでバルブが閉じて，加圧滅菌を始める．内圧が 2 気圧（ゲージ圧 1.0 kg/cm^2）に達したときが約 120℃ であり（表 2.1），この温度で 15〜20 分間滅菌処理を行う．その後はゆっくり放冷し，温度が 80℃ 程度まで下がるのを待って内容物を取り出す．あわてて取り出すと内容物が突沸して非常に危険である．オートクレーブに試料を入れる際は，

表 2.1　蒸気圧と温度の関係

ゲージ圧 (kg/cm^2)	温度 (℃)
0	100.0
0.2	104.3
0.4	108.7
0.6	112.7
0.8	116.3
1.0	119.6
1.4	125.5
1.8	130.6
3.0	142.9

ゲージ圧とは圧力計に表示される圧力のことで，内外の圧力差を表す．大気圧は約 1.0 kg/cm^2 である．

培地などに高圧水蒸気の水が入り込んで培地の濃度が薄くなってしまうことがあるため，容器の口をアルミホイルで覆って余分な水蒸気の侵入を抑える必要がある．ガラスやプラスチックの瓶を滅菌するときは内外の圧力差によって破損することのないように必ず容器のふたをゆるめておく．プラスチック製品もポリエチレン製のものなどは溶けてしまうため，オートクレーブ滅菌が可能な材質かどうか確認する必要がある（表 A.9 参照）．また，前述のような培地成分相互の不適切な組み合わせによる褐色変性や凝集の問題があるため，一緒にオートクレーブ滅菌できる成分の組み合わせを確認しなければならない．オートクレーブ内の水が汚れていると，培地や器具に不純物が入り込むため，こまめな清掃が欠かせない．オートクレーブ滅菌は基本中の基本操作であるが，慣れてくると安直な扱いから火傷などの事故をよく起こすため，オートクレーブを安全に使用するための注意をおろそかにしてはならない．

2.6 ろ過（フィルター）除菌

抗生物質やビタミンなどは，オートクレーブを使用すると高温により分解失活してしまうことが多い．このような成分については，水に溶解させてメンブレンフィルターによる除菌処理を行う．これを**ろ過（フィルター）除菌**(sterile filtration)という．細菌の大きさは小さいものでも 1 μm 程度なので，孔径 0.2 μm 程度のフィルターを通すことによりほぼ完全に除菌することができる．試料を適切な溶媒または緩衝液に溶かしてプラスチックシリンジにとり，市販の滅菌済み加圧式フィルターユニットをセットして通過させるだけで簡単に除菌操作が行える（図 2.4(b)）．

2.7 乾熱滅菌

ピペットや試験管など熱に強いガラス器具や，薬さじなどの金属器具は熱風乾燥機により**乾熱滅菌**(dry heat sterilization)を行う（図 2.4(c)）．ピペット（熱に強いパイレックスガラス製のものが用いられる）はアルミホイルに包むか金属製の容器（乾熱滅菌缶）に入れ，試験管は金属の試験管立てに立てて乾熱器に入れる．細菌の耐熱胞子は，水蒸気存在下よりも乾燥時のほうが耐熱性が高いのでオート

クレーブ滅菌(120℃, 15分間)の条件では不十分であり, 170〜180℃, 60分間の加熱滅菌処理が必要である.

2.8 ■ その他の滅菌法

　市販されている滅菌済みプラスチック器具は, エチレンオキシドガス(EOG)またはγ線によって滅菌されている. 熱に弱い実験器具を大量に滅菌処理する効率のよい方法であるが, 特別な設備を必要とするので, 一般の実験施設ではあまり用いられない. 熱に弱いゴム管やプラスチック器具の簡便な滅菌には, 殺菌灯の紫外線(一般には波長253.7 nmの紫外線が用いられる)を照射する方法や, 70%のエタノール水溶液, 塩化ベンザルコニウム液(商品名オスバン), クロルヘキシジン液(商品名ヒビテン)といった殺菌消毒液に浸ける方法などがあり, 適宜使い分けられている(図2.5). 一般的な細菌に対するエタノールの殺菌効果は70〜80%水溶液がもっとも強く, 10秒ほどで殺菌できるなど短時間で効力を発揮

(a) 紫外線滅菌装置

(b) 塩化ベンザルコニウム液(オスバン)

- 陽イオン界面活性剤の一種.
- 塩化ベンザルコニウムは, 細菌細胞膜のタンパク質を変性させることによって, 殺菌性を発揮する.

(c) クロルヘキシジン液(ヒビテン)

- 医薬用殺菌薬.
- 一般的な細菌に有効(一部のグラム陰性菌に無効), ウイルスの多くに無効, 結核菌に無効, 一部のカビには有効.

図2.5　紫外線滅菌装置と殺菌消毒液
　　　［(a)はアズワン(株), (b)は日本製薬(株), (c)は大日本住友製薬(株)ホームページより転載］

する.ただし,細菌芽胞に対しては無効である.また電子レンジの高周波(マイクロ波,通常 2,450±50 MHz)により生じる熱(マイクロ波加熱)によって微生物を速やかに死滅させ,培地成分の変性を最小限に抑える方法を高周波滅菌法という.

参考書

・掘越弘毅 監修,井上 明 編,ベーシックマスター微生物学,オーム社(2006)
 →3 章に培地の作製と滅菌法についてわかりやすく書かれている.
・M. T. Madigan, J. M. Martinko, J. Parker 著,室伏きみ子,関 啓子 監訳,Brock 微生物学,オーム社(2003)
 →18 章に各種滅菌技術が詳しく解説されている.
・R. Y. Stanier, E. A. Adelberg, J. L. Ingraham 著,高橋 甫,手塚泰彦,山口英世,斎藤日向,水島昭二 訳,微生物学(上)原書第 5 版,培風館(1989)
 →2 章に培地の調製や用途について詳しく解説されている.

第3章 無菌操作と菌株保存法

　微生物を取り扱う研究室において，研究室に所属したばかりの学生が初めに教わる実験操作は**無菌操作**である．本章に書かれている操作やその原理を理解することで，実際の実験室で微生物を正しく取り扱えるようになるはずである．

3.1 ■ 無菌操作

　微生物は地球上のあらゆる環境に適応して生育し，我々の身の回りにもかなりの数が常に存在している．空気中には1Lあたり$10～10^4$の細菌や胞子が飛び交っており，テーブルの表面やヒトの皮膚などにも1 cm^{2}あたり$10^2～10^3$の微生物が存在する．食品においては，1gあたり10^5程度の微生物が存在してもその性質にほとんど変化が見られないが，$10^7～10^9$以上の微生物が存在すると変質が無視できなくなる．特に微生物の多い環境である土壌中には1gあたり$10^8～10^9$の微生物が認められる．糞便中には1gあたり$10^{10}～10^{11}$の腸内細菌が存在し，全重量の30～50％を占めている．このような常在微生物が食品中の栄養源に付着し，ある程度の温度・湿度・酸素などの条件がそろうと瞬く間に分裂・増殖を始め，食品はやがて腐敗し，カビが生え，食中毒の原因になる．したがって，微生物実験においては，無菌操作が不完全であると培養容器内にたちまち雑菌が混入して目的の微生物を圧倒してしまう．このように目的以外の微生物が混入・繁殖する現象を**コンタミネーション**（contamination，通常**コンタミ**と略す）といい，何日もかけた実験がすべて水泡に帰してしまう．そのため，微生物実験を行うにあたっては，無菌操作における一連の基本操作を修得することがとても大切である．

　微生物は一般に増殖が非常に速く，大腸菌などは至適条件下では20分に1回の割合で分裂増殖する（ちなみに動物細胞は速いものでも16時間以上かかる）．不要になった培地を放置しておくと実験室の常在微生物が付着・繁殖し，その胞子が実験室の空気中に飛び散ることになる．そのため，整理・整とんと清潔な環

境の保持は実験の第一歩である.

　微生物実験は，無菌性を保つために，紫外線殺菌灯を装備した無菌室，無菌箱または**クリーンベンチ**(clean bench)とよばれる設備などを用いて行うのが理想である．細菌や酵母など胞子が飛散することの少ない微生物だけを扱う実験室ならば，普通の実験台の上で開放系のまま無菌操作を行うこともできる．

3.2 ■ 開放系における無菌操作

　第一に，実験室の空気には雑菌が充満していると認識することが重要である．無用な空気の動きは必ずコンタミの原因となるため，まず実験室のドア・窓などを閉め，冷却ファンのついている機器の近くでの実験は避ける．空調のフィルターが汚れていると実験室にホコリやカビの胞子をまき散らすことになる．また，人が白衣をひるがえして歩くと風が巻き起こるので，静かに行動するのがエチケットである．実験に先立って実験台の上を希釈逆性セッケン液（オスバン）または70％エタノール水溶液で殺菌する（2.8節参照）．両手だけでなく両腕もひじまで露出させて希釈逆性セッケン液または70％エタノール水溶液で消毒してから実験を行う．もちろん用いる器具・培地も事前に完全に滅菌しなければならない．実験操作中は実験台上でバーナーの炎を約10 cmの高さにして上昇気流を作り，雑菌の落下を防ぐ．培養容器のふたをとる時間を最短にし，手の動きをできるだけ少なくして，コンタミの機会を少なくするよう，作業手順や手際をよくすることも重要である．

3.3 ■ クリーンベンチと安全キャビネット

　クリーンベンチ内は，高性能フィルター（HEPA(high efficiency particulate air)フィルター）でろ過された空気が上部から吹き出し，外部の空気が作業空間に侵入しないように設計されている（図 3.1(a)）．クリーンベンチは使用前に20分程度紫外線殺菌灯を点灯して，内部を無菌化する．基本的な作業方法は開放系の場合と同様で，内部でバーナーを点火して操作を行う．胞子が飛散しやすいカビ類を何株も連続して取り扱うとクリーンベンチの内部が汚染して，前に扱った菌がコンタミするようになるので，5～6株ごとに作業を中断して殺菌灯を点灯し，

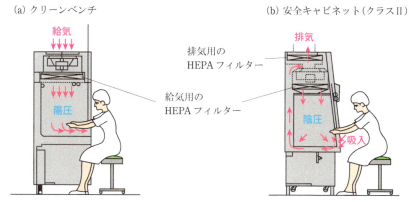

図 3.1 クリーンベンチ(a)と安全キャビネット(b)
クリーンベンチは内部を陽圧にして，空気を外に押し出している．安全キャビネットは内部を陰圧にして，扱っている微生物が外に漏れないようにしている．

内部の無菌性を保つようにする．なお殺菌灯は比較的寿命が短く，古くなると殺菌効果が薄れるため定期的な点検・交換が必要である．

病原性微生物を扱うときやP2レベル以上の遺伝子組換え実験を行うためには，クラスII以上の規格の**安全キャビネット**（safety cabinet）を用いることが義務づけられている（第11章参照）．一見クリーンベンチとよく似た形をした装置であるが，内部で扱っている微生物が実験操作中に発生するエアロゾルなどによって外に漏れないようにするため，内部は陰圧に保たれており，作業空間の空気はHEPAフィルターを通してから排気されるようになっている（図3.1(b)）．基本的な取り扱い法はクリーンベンチと同様である．

3.4 ■ 純粋分離

土壌や食品などからある目的をもって微生物を探索する作業を**スクリーニング**（screening）といい，昔からこの方法によって有用な微生物が数多く分離されてきた．自然界に生育する微生物は驚くほど多様で，探し方を工夫すれば，さまざまな微生物を分離することができる．目的によりスクリーニングの方法もさまざまであるが，多種類の微生物が混在する中から微生物を1種類ずつ単離する**純粋分離**（pure culture isolation）の操作は必須である．土壌などの試料を滅菌した生

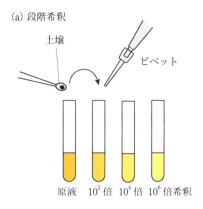

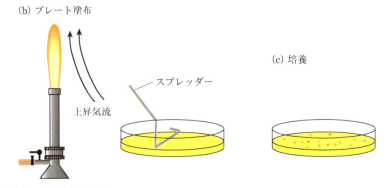

図 3.2 純粋分離の概略
 土壌試料中の微生物を純粋分離するには，(a)少量の土壌を生理食塩水に懸濁し，100倍ずつ2〜3回段階希釈をする．(b)希釈液を新しいプレートに滴下し，スプレッダーを用いてプレート全面に塗り広げる．その際，ガスバーナーの炎を約10 cmの高さにして上昇気流を作り，空気中のホコリや雑菌の侵入を防ぐ．(c)数日間の培養により，さまざまな微生物が生育する．

理食塩水(0.8％塩化ナトリウム水溶液)に懸濁し，適宜希釈して，プレートに塗布する(図3.2，3.6節参照)．プレートを数日間，保温培養すると，培地上に点々と微生物の集落(**コロニー**，colony)が出現する．1つ1つのコロニーは，それぞれ1つの微生物細胞から増殖した均一な微生物の集団である．微生物の種類によってコロニーの形態は微妙に異なるので，何種類かを選んで新しい培地に別々に植菌し，純粋に分離された菌株を得る．

3.5 ■ 集積培養

　微生物の分離源としてよく用いられる土壌にはきわめて多種類の微生物が共存している反面，スクリーニングにおいて目的とする個々の微生物の濃度は非常に低いのが普通である．したがって，単に試料を希釈してプレートに塗布するだけで目的の微生物を分離するのは困難な場合が多い．このとき，目的の微生物だけが優先的に生育してくる条件を設定して培養することができれば，以後の分離操作が格段に楽になるであろう．このように多種類の微生物群の中から特定の微生物だけを選択的に培養する操作を**集積培養**(enrichment culture)という．適当な集積培養の方法を工夫できるかどうかが，スクリーニングの成否を左右することも多い．好熱性や好酸性微生物の分離に，高温や酸性培地を用いた集積培養が有効であることは明らかである．n-パラフィン分解菌を分離する集積培養では，n-パラフィンを唯一の炭素源とした培養液(100〜200 mL)に1 g程度の土壌試料を加えて数日間培養を行う．培養液が微生物の生育によって濁ってきたところで，新しい培地に1 mL程度移し，再び培地が濁るまで培養する．この操作を5〜6回繰り返したところで，純粋分離を行って目的菌株を分離する．

3.6 ■ 植菌と単コロニー分離

　保存中のプレートに生育している微生物を新しい培地に接種する際には，先端を直径4〜5 mmのループ状にした太さ0.6〜0.7 mm，長さ5〜7 cmのニクロム線に20 cm程度の柄のついた**白金耳**(platinum loop，エーゼともよぶ)を用いる(図3.3(a)〜(c))．白金耳は，目的により先端をカギのように曲げたものや，針のようにとがったものを随時自作して用いる．古いスラントから新しいスラントへ移植する場合は，まず接種しようとする種菌の生育しているスラントの試験管口と栓の部分を2〜3秒間バーナーの炎で焼いて，滅菌してから栓を抜く．白金耳のニクロム線部分を赤熱するまで焼き(**火炎殺菌**)，新しいスラントの培地または試験管の内壁に接触させて冷却する．古いスラントの種菌の集落から菌体を白金耳のループ部分に少量掻き取り，新しいスラントの培地上に直線またはジグザグの線を引きながら植菌する．試験管に栓をする際にもう一度管口および栓を焼

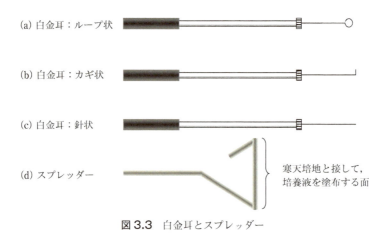

図 3.3　白金耳とスプレッダー

いておく．嫌気性菌などは空気に触れさせないために，高層寒天培地に埋没して培養する．接種は先端が針状の白金耳を用い，種菌を新培地に素早く2～3回差し込んで行う（**穿刺培養**，stab culture）．プレートに接種するときは，空気中の胞子などの落下を防ぐためプレートを裏返しにして開放し，裏返しのまま下方より接種する．

　プレートに菌の希釈培養液を塗布する際には，**スプレッダー**（bacteria spreader，もしくは**コンラージ棒**）とよばれる先端を一辺4～5 cmの三角形に折り曲げたガラス棒を用いる（図 3.3(d)）．スプレッダーは先端部をエタノール（70%エタノール水溶液が用いられる）に浸けておき，使用寸前に取り出して先端部に残るエタノールに引火させて滅菌する．炎は数秒で消える．そして，培地上に滴下した培養液をスプレッダーを用いてプレート全体に塗り広げる．このとき，ターンテーブルというプレートを回転させる台を使うと便利である．スプレッダーの先端に多量のエタノールが付着していると，エタノール容器内に引火することがあるので，エタノール容器は必ずガスバーナーから離れた場所に置くようにする．万が一，エタノール容器内に引火した場合は，落ち着いて濡れた雑巾や防火布で容器のふたを覆うことで酸素を遮断すれば消火できる．最近では，使い捨ての滅菌済みプラスチック製スプレッダーを使うことが一般的である．

　長期間保存した菌株の中には変異した細胞や生育の悪いものが混ざっていることがあるので，実験に用いる前に状態のよい均質の細胞を調製するために**単コロ**

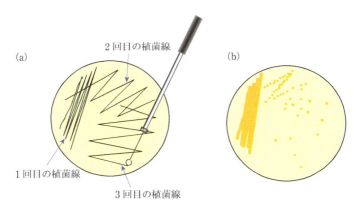

図 3.4 単コロニー分離
(a)白金耳でプレート上に植菌線を往復して引き，白金耳を火炎殺菌して，次の植菌線を引く．(b)適当な温度で培養後，単コロニーが植菌線に沿って得られる．

ニー分離(single colony isolation)を行う．まず，種菌を白金耳に少量とり，プレートの半分にジグザグに塗布する(植菌線を引く)．コロニーは植菌線に沿って生育してくるが，このままでは菌数が多すぎてコロニーが隣どうしでくっつきあってしまう．そこで，白金耳を火炎殺菌してから1回目の植菌線と一度交差させて菌を白金耳にとり，再びジグザグに植菌線を引いていく．生育のよい微生物では同様の操作により3回目の植菌線を引く．このプレートを数日間培養すると，最終植菌線では菌体の濃度が十分に薄くなり，点々と独立したコロニーが得られる(図 3.4)．単一コロニーを形成する数百万の細胞はすべて1つの細胞に由来するものであり，遺伝的にも均質の細胞集団である．このようにして得られた数個のコロニーの細胞に対して検定を行って，実験に適した菌株を選択する．普通は生育のよい大きなコロニーを選ぶが，特殊な変異株や抗生物質・酵素の産生菌などは菌株の生育がよいほど目的とする性質がすぐれているとは限らないので，注意が必要である．

3.7 ■ 菌株の保存法

　分離した微生物菌株を適切に保存することは非常に重要である．微生物探索を行っている研究機関に見学に行くと，ひんやりとした薄暗い菌株保存室に林立する試験管の山を見ることができる．分離に要する手間と費用は膨大であり，同じ菌株は二度と得られないことから，「菌株は宝」と教えられるのが常である．しかし，ふだん使用しない菌株を維持管理するのはたいへんな手間であり，ついおざなりにして貴重な菌株を失ってしまうこともよくあるが，微生物の研究者として恥ずべきことである．近年は，種子・菌株の収集・保存が遺伝子資源の観点から重要視されており，多数の微生物菌株を保存・管理する専門の研究機関がいくつも存在する（表 A.19 参照）．研究者自身が自分で分離した菌株や分譲された標準菌株などを，日常の実験に使用するために適切に保存することが重要であることはいうまでもないだろう．

　菌株の保存方法にはいろいろあるが，微生物の種類と目的により適する方法が異なり，万能の方法がないのが難しいところである．また方法によっては，高度な設備とかなりの経費が必要とされるので，研究室によってそれぞれ最善の方法を選択しなければならない．以下に，代表的な保存方法とその問題点を紹介する．

3.7.1 ■ 継代培養法

　継代培養法（passage culture）は固体培地に培養した菌株を一定期間ごとに新しい培地に植え継ぐ方法である．培地の組成はそれぞれの微生物に応じて経験的によいとされるものが決まっていて，細菌には LB 培地，酵母・カビは MY 培地，放線菌には Bennet 培地が使われる場合が多い（2.1 節参照）．培地中の栄養分が濃いと，微生物は多量に生育する反面，毒性代謝産物が蓄積して死滅しやすくなるため，栄養分の薄い培地のほうが微生物の保存性がよいとされている．固体培地には斜面培地とシリコ栓を用いるが，乳酸菌など嫌気性菌の場合は高層培地を用いる．また，好気性の細菌やカビの中にはシリコ栓を使うと通気不十分で，綿栓のほうが保存性のよいものもある．

　植え継いだ斜面培地は生育至適温度よりもやや低い温度で 1 週間以上培養し，十分な量の菌体が生育するまで，あるいは胞子を形成する微生物では十分胞子を

作るまで待ってから保存する．このとき，(1)植え継ぐ前の斜面培地と同じ微生物が生育しているのを確認すること，(2)整理番号・種名・最終植え継ぎ年月日などを明記したラベルを貼っておくこと，(3)植え継ぎの記録を台帳に記載しておくことなどが必要である．保存に適する温度は微生物によって異なるが，4～5℃では短期間のうちに死滅する細菌が多く，通常は10～12℃に保つ．湿度はあまりに高いと水滴が生じたり，栓にカビが生えたりするため60～70％に保つ．植え継ぎは6ヶ月から1年おきに行うのが通常であるが，乳酸菌や酢酸菌など，自身の生成する酸によって死滅しやすい菌株は，2週間おきに植え継ぐ必要がある．

継代培養法はもっとも基本的な保存法であり，手軽に保存株を使用できるという長所があるが，(1)死滅により少しずつ菌株が失われていく，(2)雑菌により汚染される危険性がある，(3)何代も植え継ぐうちに菌株の性質が変化していくことがあるなどの欠点もあり，貴重な菌株をこの方法だけで保存するのは危険である．

3.7.2 ■ 軟寒天保存法

遺伝子工学的手法(第10章参照)により作製した各種の遺伝子マーカーやプラスミドをもった大腸菌の菌株の簡便な保存方法は重要である．ネジロキャップまたはゴム栓の付いたガラス製の容器(バイアル)に，寒天およびLB培地の濃度を半分にした軟寒天培地を用いて穿刺培養し，密封しておけば，室温で数年間保存可能である．後述する凍結保存法や凍結乾燥保存法と併用すれば，より確実であろう．

3.7.3 ■ 流動パラフィン重層法

流動パラフィン重層法は継代培養法で用いるものと同じ斜面培地に，滅菌した流動パラフィンを培地上端から約1cmまで重層して保存する方法である．酵母・カビ・放線菌などに有効で，培地の乾燥を防ぎつつ酸素の供給を抑えることにより保存性がよくなる．しかしながら，この方法は保存中に菌株の性質が変化することが多いため，保存用の斜面培地から休止している菌株を起こして使用するときには，単コロニー分離を行って，もとの菌株の形態・性質を保持しているものを選択する必要がある．

3.7.4 ■ 凍結保存法

　凍結保存法は培養液または専用緩衝液に細胞を懸濁させてから保護剤を加えて凍結し，生命活動を停止した状態で保存する方法であり，長期間安定に菌株を保持できる．菌体を培養液または専用の緩衝液に懸濁し，グリセロールを凍結障害保護剤として10～50%(v/v)加え，1～2 mLのバイアルに分注し，超低温フリーザー(−70～−80℃)で凍結保存する(**グリセロールストック**という)．この方法は信頼性が高く，ほとんどの微生物が性質などを変化させることなく何年でも保存できるが，超低温フリーザーなどの高額な設備と停電などの事故対策が必要である．

　保存温度は低いほうがよく，−30℃以上になると急速に死滅していく微生物もあるが，菌の種類によっては−20℃程度でも十分保存できるものもある．酵母・カビ・放線菌など胞子形成能のよい株はスクリューキャップ付きのバイアル内の寒天培地でスラント培養を行い，十分胞子を形成するまで待って，そのまま−20℃で凍結保存することにより，数年間安全に保存可能である．一方，動物細胞や原生動物・藻類など真核生物の細胞は，保存に−70℃以下の極低温が必要な場合が多い．菌株保存の専門機関では，もっとも確実な永年保存法として，液体窒素を用い−196℃で保存している．微生物に限らず穀物の種子や優秀な家畜の精子や受精卵なども，貴重な遺伝子資源として液体窒素凍結保存が行われている．また，遺伝子操作に用いる大腸菌のコンピテント細胞(10.4.1項参照)を，形質転換頻度を落とさないように凍結保存する方法も工夫されている．菌体を，カルシウム・マンガンを含む緩衝液に懸濁し，ドライアイス-アセトンの寒剤に浸けて急速冷凍し，−80℃で保存することにより，高い形質転換頻度を1ヶ月以上保持できる．凍結保存では，凍結と解凍の制御が菌株の生存率に大きく影響し，特に成長する氷の結晶により細胞の膜組織が損傷されるのを防ぐことが肝要である．懸濁液に保護剤が含まれない場合は，氷の結晶が成長する時間を与えないために急速に凍結するが，保護剤としてグリセロールを添加した場合は，徐々に凍結して細胞内の水分をグリセロールと平衡化させて脱水する．解凍は温水に浸けて急速に行う．また，凍結保存菌株の解凍・再凍結を繰り返すと細胞が死滅していくので，使用機会の多い保存菌株はいくつかのバイアルに分けて保存する必要がある．

3.7.5 ■ 凍結乾燥保存法

凍結した微生物懸濁液をさらに減圧下で乾燥し，ガラス管に密封保存するのが凍結乾燥保存法である．手間はかかるが，一度調製すれば保管場所も維持経費もほとんどかからずに何年でも安心して保存できる利点がある．細菌・放線菌・酵母・カビおよびファージなどの保存に用いられる．ドライイーストとして市販されているパン酵母や日本酒の醸造に欠かせない麹（コウジ）のように，乾燥保存菌体が商業利用されているものもある．

調製方法は，菌株を定常期まで培養し，胞子を形成する菌株はできるだけ胞子を形成させ，乾燥保護剤溶液に高濃度に懸濁する．保護剤溶液はいろいろ工夫されているが，20％スキムミルク溶液または市販のウシ血清アルブミン（bovine serum albumin, BSA）溶液などがよく用いられる．菌体懸濁液を内径6 mm程度の肉厚のガラスのアンプルに50〜100 μLずつ分注，あるいは細い短冊型のろ紙にしみ込ませてアンプルに入れる．これに綿栓を付けて−30℃以下の冷凍庫で予備凍結する．次に，凍結乾燥機に取り付けて減圧下で昇華により乾燥した後，バーナーによりアンプルを溶融・密封する．密封後は密封アンプル内の真空度を高周波テスターにより確認しておくのが望ましい．密封アンプルに光が当たると菌体の生存率が低下するので，冷暗所に保存する．

3.7.6 ■ その他

酵素や抗生物質を生産する特定の有用菌株は，保存中にその生産能が低下することが多いため，ほかにもさまざまな保存方法が工夫されている．カビ・放線菌の保存に用いられる土壌中保存では，風乾した土壌を試験管に詰めてオートクレーブ滅菌し，菌体または胞子の懸濁液を加える．綿栓をして室温で数日間乾燥した後，低温で保存する．

参 考 書

- 日本生物工学会 編,生物工学実験書 改訂版,培風館(2002)
  → 生物工学を学ぶ学生向けに書かれた専門書であるが,微生物学実験についてもわかりやすく書かれている.
- 掘越弘毅 監修,井上 明 編,ベーシックマスター微生物学,オーム社(2006)
  → 3章に培地と培養法についてわかりやすく書かれている.
- J. G. Black 著,神谷 茂,高橋秀実,林 英生,俣野哲朗 監訳,ブラック微生物学 第3版,丸善出版(2014)
  → 12章に滅菌と消毒について詳しく解説されている.

第4章 顕微鏡観察

微細な生物の観察には顕微鏡が欠かせない．科学技術の進歩によりさまざまなタイプの顕微鏡が次々に開発され，微生物や細胞における生命現象の解明に大きく貢献している．

本章では，主な顕微鏡の原理と特徴および利用法について解説する．

4.1 ■ 顕微鏡の原理と解像度

主な顕微鏡の種類と特徴を表 4.1 にまとめた．日常的な微生物の観察に用いられる光学顕微鏡は，試料の作製が容易であり，数百倍程度の倍率で迅速に観察できる．光学顕微鏡では明瞭な像を得るために試料の染色が必要な場合が多い．そこで，コントラストの低い生体試料を観察する目的で，位相差顕微鏡や微分干渉

表 4.1 主な顕微鏡の種類と特徴

顕微鏡	特徴
光学顕微鏡	対物レンズと接眼レンズにより可視光を屈折して拡大像を得る
明視野顕微鏡	試料の背面から照明を照射する光学顕微鏡の基本形
位相差顕微鏡	直接光と試料透過光の位相差により密度差を明暗として検出する
微分干渉顕微鏡	直接光と試料透過光の位相差を干渉により検出する
蛍光顕微鏡	励起光を照射し試料が発する蛍光を観察する
共焦点レーザー顕微鏡	対物レンズの焦点位置のピンホールにより特定部位の光のみを検出する
電子顕微鏡	電磁レンズにより電子線を屈折して結像する
走査型電子顕微鏡 (SEM)	電子線を試料表面に操作しながら照射して散乱を検出する
透過型電子顕微鏡 (TEM)	超薄切片試料に電子線を照射し透過を検出する
クライオ電子顕微鏡	極低温により固定化した試料を分子レベルで観察する
原子間力顕微鏡	光てこ方式により試料表面の形状を分子レベルで観察する

顕微鏡が開発されている．研究目的の顕微鏡ではCCDデジタルカメラを装備し，画像をパソコンに保存して観察記録を管理する必要がある．

蛍光試薬で染色した試料に励起光を照射し，試料が発する蛍光を検出するのが蛍光顕微鏡であり，生体内の特定の成分の分布や動態を観察するのに用いられる．さらに，立体的な試料の内部構造を断層的に観察できる共焦点レーザー顕微鏡が開発されている．

可視光線の代わりに電子線を用いる電子顕微鏡は数万倍の倍率を得ることが可能であり，細胞内部の微細構造を観察する透過型電子顕微鏡（TEM）と立体的な外形を観察する走査型電子顕微鏡（SEM）が用いられている．さらに，試料を極低温に冷却することにより，分子レベルで生体成分を直接観察できるクライオ電子顕微鏡が実用化されている．

一方，試料とプローブ（探針）との間の原子間力によるプローブの動きを光てこ方式により検知する原子間力顕微鏡は，比較的単純な装置で試料の表面構造を分子レベルで観察することを可能にしている．

肉眼では見ることができない微生物を初めて観察したのは17世紀のオランダの商人A. van Leeuwenhoekである．Leeuwenhoekは小さなレンズを丹念に磨き上げ，金属板にはめ込んで非常に高倍率の「虫眼鏡」を多数製作した．好奇心旺盛なLeeuwenhoekは水中や口の中に多数の小さな生物が存在することを見いだし，英国王立学士院に報告している（1.2節参照）．

Leeuwenhoekが製作したのは単一レンズの顕微鏡（単式顕微鏡）であり，50～300倍の倍率が得られた（図1.2，図1.3参照）．レンズの倍率は焦点距離に反比例するため高倍率のレンズは非常に小さくて丸っこいものとなり，これに目をくっつけるようにして観察した．単一のレンズでは倍率にも観察法にも制限が多いため，現代の一般的な光学顕微鏡は対物レンズと接眼レンズという2つのレンズをもつ複合顕微鏡へと進化している（図4.1）．

複合顕微鏡の光学系（図4.2）では，試料はまず対物レンズにより倒立の実像を形成する．実像は実際に光が集まってできる像なので，接眼レンズによりさらに拡大した像を得ることができる．接眼レンズにより形成される像は，実際に光が集まってできる像ではない虚像なので，光学系によりこれ以上拡大することはできないが見ることはできる．顕微鏡により実際に観察するのは，この接眼レンズ像であり，顕微鏡の総合倍率は対物レンズの倍率に接眼レンズの倍率を乗じたも

4.1 顕微鏡の原理と解像度

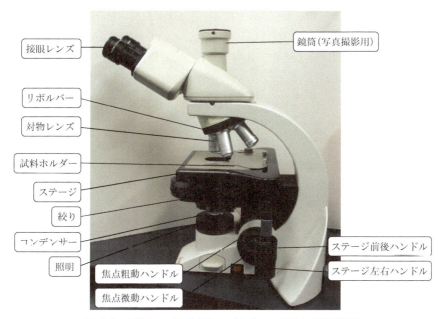

図 4.1　対物レンズと接眼レンズをもつ一般的な光学顕微鏡

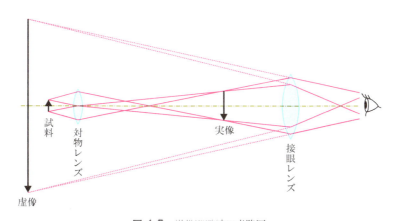

図 4.2　光学顕微鏡の光路図

のとなる．

　一般的な光学顕微鏡では接眼レンズの倍率は 10 倍程度である．一方，対物レンズはリボルバーとよばれる回転筒に複数装着されていて，試料により切り替え

ることができるようになっている．対物レンズは4倍程度のものから100倍の高倍率のものまで市販されていて，最高の総合倍率は1,000倍程度となる．

顕微鏡でどこまで小さなものが観察できるかの指標が**解像度**（resolution）であり，2つの点を2点として認識できる最短距離と定義される．解像度以下の距離の物体は1点に重なって見えることになる．なお，肉眼の解像度は0.2 mm程度である．

顕微鏡の倍率を上げていくと光の波長の壁に突き当たる．観察に用いる光の波長よりも小さいのものは光の波間に飲み込まれてしまうので，レンズを工夫していくら倍率を上げてもぼやけるだけで解像度が上がらない．顕微鏡の解像度 R は，次式で与えられる．

$$R = \frac{0.61\lambda}{\mathrm{NA}} \tag{4.1}$$

［λ：光の波長，NA：対物レンズの開口数］

開口数NAは個々のレンズに固有の設計値であり，10倍程度のレンズで0.25程度，40倍程度のレンズでは0.65程度，高性能の油浸レンズ（4.3.3項参照）では1.25程度であるから，青緑色光（$\lambda = 0.45$ μm：1 mm = 1,000 μm）を用いた場合，0.2 μm程度が通常の光学顕微鏡の解像度の限界となる．これを1,000倍すると肉眼の解像度0.2 mmに近くなり，これ以上倍率を上げても鮮明な像は観察できない．

ミジンコやゾウリムシなどのプランクトンや一般的な動植物の細胞の大きさは10～20 μmなので100～200倍程度の倍率で十分観察可能であり，微細な内部構造まで観察することができる．一方，大腸菌などの細菌は1～3 μm程度の大きさのものが多いので，形態の観察には400～1,000倍の倍率が必要であり，それでも内部構造までは観察できない．また，大部分のウイルスは0.1 μm以下の大きさなので光学顕微鏡では観察不可能であり，ウイルスの姿をとらえるためには1930年代の電子顕微鏡の発明を待たなければならなかった．

4.2 ■ 位相差顕微鏡

大きくても透明な試料は見えない．顕微鏡下で試料を観察するためには，背景と試料との間に明度または色調の差が必要である．ところが，生物の細胞は大部分が水なのでほぼ透明であり，赤血球でさえかすかにオレンジ色がかった透明な

4.2 位相差顕微鏡

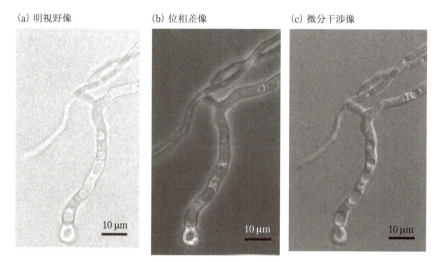

(a) 明視野像　　(b) 位相差像　　(c) 微分干渉像

図 4.3 光学顕微鏡の観察方式と試料の観察像
同一視野の麹菌 *Aspergilus oryzae* の伸長中の菌糸について，明視野顕微鏡(a)，位相差顕微鏡(b)，微分干渉顕微鏡(c)により観察を行った．密度の低い液胞は位相差像では暗く，微分干渉像では凹んで観察される．

円盤のようにしか見えない．そのため，生体の試料は固定および染色してから観察するのが一般的であり，さまざまな固定法と染色法が工夫されている．しかし，固定・染色を行うと微生物を生きたまま観察することはできず，いわば「厚化粧した死骸」を見ていることになる．運動性などの生体活動を直接観察するためにも，染色せずに試料を観察できる顕微鏡が必要である．試料の下から光を照射し，上から透過光を観察する一般的な**明視野顕微鏡**（bright-field microscopy）では，生体試料にほとんどコントラストがない（図 4.3(a)）．

　位相差顕微鏡（phase-contrast microscopy）は，光線の位相差を明暗のコントラストに変換して観察できる顕微鏡である．細胞は周囲よりも密度が高いため屈折率が高く，細胞を通過する光は直進成分（直接光）と組織の成分により回折した光との合成光となる．細胞を通過しない直接光は対物レンズ焦点面の特定の位置を通過するので，ここに直接光だけ位相を1/4波長ずらす位相板を置くことにより減光することができる．この操作により，直接光だけの背景は暗くなり，回折光を含む細胞は明るく見える（図 4.3(b)）．現在では微生物実験室の顕微鏡の大部分が位相差機能をもつ顕微鏡であり，元気に泳ぎ回る微生物を直接観察すること

ができる．

　さらに，光を2枚の偏光板とプリズムを用いて2つに分割し，試料を通過させてから合成してその位相差を干渉により検出する顕微鏡を**微分干渉顕微鏡**(differential interference contrast microscopy)という．微分干渉顕微鏡では細胞の中で密度が低い液胞などのオルガネラが凹んで見える(図4.3(c))．

　微生物の研究者にとって顕微鏡観察は基本中の基本である．特に必要がなくても，毎日ご機嫌伺いのように研究対象の微生物を顕微鏡で覗くようにしていると，微生物のわずかな形態や挙動の違いに気がつくようになるだろう．

　1980年代に大隅良典博士は，パン酵母の液胞の中で踊るように動き回る粒子の存在に気がついた．これは，酵母の細胞質の一部を液胞に取り込んで分解しようとする自食作用(オートファジー)の姿であると直感した大隅博士は，大学院の学生とともにひたすら顕微鏡を覗いて自食作用に関する遺伝子の変異株を分離し，機能解析を行うことにより自食作用の全貌を解明した．大隅博士はこの業績により2016年のノーベル生理学・医学賞を受賞したが，その裏では数千時間に及ぶ顕微鏡観察があったことを知っておきたい．

4.3 ■ 顕微鏡の取り扱い法

4.3.1 ■ 照明

　照明なしで試料を顕微鏡観察すると，単位面積あたりの光が少なくなるため非常に暗く見える．そこで，現代の顕微鏡には試料に光を集中させるための照明装置(コンデンサー)が内蔵されている．明るい観察像を得るためには，取扱説明書に従って照明の光軸を調整する必要がある．通常のコンデンサーは試料の下から照明するため試料を逆光で観察することになる．逆光では試料の色調や立体感がとらえにくいため，逆光を避けたい場合は別の照明を横から当てるか，上から照明する落射型の顕微鏡を用いる．

　通常の光学顕微鏡では，試料のスライドガラスを固定するステージの下に絞りのレバーがある．絞りを開けると視野が明るくなり，絞ると暗くなることは自明だが，絞りにはもう1つ重要な性質がある．顕微鏡の焦点が合う垂直方向の範囲を被写界深度というが，絞りを絞ると視野が暗くなる代わりに被写界深度が深くなり，焦点を合わせやすくなる．そこで，実用的には，可能な限り絞りを絞って

目的の試料の隅々まで焦点が合った画像をめざすことが推奨される.

4.3.2 ■ 試料の調製

　微生物を染色して観察する場合は，微生物の培養液をスライドガラス上に滴下し，スライドガラスを火炎上で軽くあぶって乾燥させることにより固定する（火炎固定）．培地上でコロニーを形成している微生物の場合は，コロニーから菌体を掻き取ってスライドガラス上に滴下した水滴に溶いてから火炎固定する．次に目的に応じてさまざまな試薬により染色する．染色後は必ずカバーガラス（18 mm×18 mm）を被せ，プレパラートとしてから観察する．

　染色しない場合は，培養液を少量スライドガラスに滴下しカバーガラスを被せてから，ろ紙を押しつけて余分な培養液を除く．培養液が多いと三次元的に遊泳する微生物の一部にしか焦点が合わないので，培養液を最小限にして試料を同一平面に置くためである．顕微鏡下で微生物が震えて見えるのは水分子の衝突によるブラウン運動による場合が多く，微生物の運動性のためではない．運動性を有する微生物でも寒天培地上にコロニーを形成させると，ほとんどの場合，運動性を失う．微生物の運動性の観察は非常に新鮮な液体培地中でのみ可能であり，細菌や原生動物が積極的に遊泳して旋回するのが観察される．

　観察にあたっては，作製した試料のプレパラートをステージ上のホルダーにセットし，照明を調節する．焦点合わせは，顕微鏡本体の脇にある粗動ハンドルと微動ハンドルによりステージを上下することにより行う．このとき，顕微鏡を覗きながら回してよいのは微動ハンドルだけである．粗動ハンドルを回すと大きくステージが動くので，対物レンズをプレパラートにぶつけないように間隔を確認しながら回す必要がある．後述の油浸レンズなどを用いる場合は，ステージを動かすとカバーガラスが一緒に動いて困ることがある．このような場合は，カバーガラスの四隅を透明のマニキュア液などで固定するのがお薦めである．

　顕微鏡は1つの対物レンズで焦点を合わせれば，他の対物レンズに切り替えてもほぼ焦点が合うように設計されているので，もっとも倍率の低い対物レンズを用いてカバーガラスの縁などに焦点を合わせてから順次倍率の高い対物レンズに切り替えていく．

　また，微生物を固定・染色したプレパラートのカバーガラスの四辺を溶かしたパラフィンまたはマニキュア液などで封じておくと長期間保存することができる．

4.3.3 ■ レンズ

　微生物の大きさは多様であり，顕微鏡観察では適切な倍率の対物レンズを選択する必要がある．特に，対物レンズは顕微鏡の価格の半分を占めるともいわれる重要な部品であるので，慎重な取り扱いが求められる．顕微鏡のリボルバーや対物レンズは触れてよい場所が決まっているので，必ずゴムなどのギザギザの部分（ローレット部分）をつまんで対物レンズの選択や交換を行うようにする．対物レンズに指をかけてリボルバー全体を回転させるような乱暴な操作は，光軸のズレを発生させる原因となるので決して行ってはならない．

　100倍などの高倍率の対物レンズは油浸レンズであり，観察時にプレパラートと対物レンズの間を専用の油浸オイルで満たさないと焦点が合わない．顕微鏡の解像度 $R(=0.61\lambda/\mathrm{NA})$ は開口数 NA に反比例するが，開口数は対物レンズへの最大入射角を θ としたとき，

$$\mathrm{NA} = n\sin\frac{\theta}{2} \tag{4.2}$$

［n：試料と対物レンズの間の空間の屈折率］

と定義されるため，その対物レンズから試料までの空間を，空気（屈折率1.0）から油浸オイル（屈折率1.52：カバーガラスと同じ）に代えることにより開口数が増加し，解像度が向上する．

4.3.4 ■ ミクロメーター

　顕微鏡下で試料の大きさを測定する際には，ミクロメーターを用いる．ミクロメーターは特製のスライドガラス上に10 μmおきに目盛りを刻んだ対物ミクロメーターと，接眼レンズ内部に装着する丸いガラス板状の接眼ミクロメーターがセットになっている（図 4.4）．対物ミクロメーターを顕微鏡観察して2つのミクロメーターの目盛りを平行にし，目盛りが一致するところを確認して，接眼ミクロメーターの1目盛りの長さを算出しておく．同じ対物レンズと接眼ミクロメーターを用いて試料を観察することにより，接眼ミクロメーターの目盛りを用いて試料の大きさを測定することができる．

　微生物の濃度の測定には，血球計算盤とよばれる縦横のマス目の入った特殊なスライドガラスを用いる．Thomaの規格の血球計算盤（7.4.3項参照）では，1マ

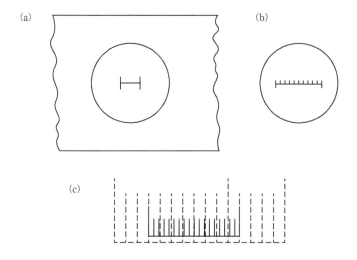

図 4.4 ミクロメーターの形状と使用法
(a)対物ミクロメーター．スライドガラスの中央にラインが刻まれている．間隔は 10 μm．(b)接眼ミクロメーター．接眼レンズに装着する．(c)顕微鏡下で対物ミクロメーターと接眼ミクロメーターの目盛りを合わせる．

スの一辺は 0.05 mm，深さは 0.1 mm である．ある微生物の培養液について Thoma の血球計算盤で観察したとき，1 マスに平均して 5 個の微生物が観察されたとすると，以下の計算式により微生物の濃度を算出することができる．

$$1 \text{マスの体積}: 0.05 \times 0.05 \times 0.1 = 0.25 \times 10^{-4} \text{ mm}^3 = 0.25 \times 10^{-7} \text{ cm}^3$$

$$\text{微生物の濃度}: 5/(2.5 \times 10^{-7}) = 2 \times 10^7 (/\text{mL})$$

4.3.5 ■ 保守点検

顕微鏡は精密な光学機器なので，ホコリなどがつかないようにていねいに扱わなければならない．観察が終了した顕微鏡は，手の脂や油浸レンズの油などをエタノールに浸した「キムワイプ®」などの専用のティッシュペーパーでそっと拭き取る．万が一，レンズに指紋などを付けてしまった場合も，同様に清拭する．このとき普通のティッシュペーパーやペーパータオルを使うと紙の繊維がこびりつくことがあるので，繊維が剥落しないように作られた専用のティッシュペーパーを用いることが望ましい．

顕微鏡本体もカバーを掛けるか専用ケースに入れて保管する．また，コンデン

サーや光軸などを定期的に点検し，性能を維持する努力が必要である．

4.4 ■ 顕微鏡写真の撮影法

　顕微鏡観察の結果を記録するもっとも単純な方法はスケッチである．慣れると両目を開けたまま，左目で顕微鏡を覗き，同時に右目でスケッチすることもできるようになる．顕微鏡の視野内の微生物をすべて写し取る必要はなく，特徴的な数個ないし数十個の微生物をスケッチすればよい．あらかじめ微生物の形態や大きさなどの観察項目を決めておいて，重要なポイントを欠かさずに記録することが必要である．

　顕微鏡観察の結果は写真に残して記録するのが望ましいことはいうまでもない．顕微鏡写真は，専用のアダプターにより接続した写真撮影装置（デジタルカメラが主流）を操作して撮影する．

　撮影装置がなくても顕微鏡写真による記録を諦めるのは早い．少々テクニックが必要だが，スマートフォンのカメラレンズを顕微鏡の接眼レンズに近接させて写真を撮ることも可能である．スマートフォンと接眼レンズの間隔を保つのが難しく，なかなかうまくいかないかもしれないがチャレンジする価値は十分ある．

　顕微鏡写真の撮影では露光時間が数十秒に及ぶ場合もあるので，試料をしっかり固定したプレパラートを作製する．また，近年はデジタルカメラの感度が非常に高くなっているため，顕微鏡を暗室に置くか暗幕で覆うことにより周囲の余計な光が入らないように工夫することも必要である．

　現在ではほとんどの顕微鏡の写真撮影装置はパソコンにより制御するシステムとなっている．撮影モードの選択や露光時間の決定など難しいところはほとんど自動化されているので，とりあえず写真を撮るということが簡単にできるようになっている．また，露光などがやや不適切な場合も画像解析ソフトウエアによりある程度の補正が可能である．

　しかし，同じ微生物試料でも上級者が撮影した顕微鏡写真は一味も二味も違うことに気がつくだろう．現在の写真撮影システムは機能が非常に盛りだくさんで，全貌を把握するのは容易ではない．しかし，コントラストのある試料の写真を撮る場合はさまざまな補正が必要であるため，撮影装置の機能に習熟することが重要である．例えば，暗い視野に小さな明るい被写体が点在するような試料で

は，補正しないと全体が灰色となり被写体が真っ白に飛んでしまう．このような場合は露光時間を短くする．逆に明るい背景に暗い色の被写体が存在する試料（通常の写真撮影では「逆光」の条件）では，灰色の視野に真っ黒の被写体が写ることになるので，露光時間を長くする必要がある．

　良い写真を撮るための最大のポイントは，納得のいく視野が見つかるまで粘り強く探すことである．忍耐と粘りがないと説得力のある写真を撮ることはできない．そのためには，どのような写真を撮りたいのかをきちんとイメージして視野を探すことも重要である．

　その際，視野の中の細胞の形態がどの細胞にも共通する普遍的な状態なのか，めったに見つからない特殊な形態の細胞を見ているのかという一般性についても，留意しておく必要がある．顕微鏡写真に限らず，写真はインパクトが強いので，珍しい形態の細胞ばかりを撮影していると，試料について間違った印象を与えることになりかねない．設定された実験条件下で，大部分の細胞に共通する特徴を確実にとらえる観察を心がけたい．

4.5 ■ 蛍光顕微鏡

　蛍光物質は，励起光を照射されるとそのエネルギーを吸収して分子の電子状態が励起し，もとの基底状態に戻るときに励起光よりも波長の長い光（蛍光）を放出する．蛍光は必ず励起光よりも波長が長くなることを利用し，蛍光物質により染色した試料に，励起光を照射してその蛍光を観察するのが**蛍光顕微鏡**（fluorescent microscopy）である．目的によりさまざまな蛍光物質が利用されている（図 4.5）．蛍光顕微鏡の光学系では，一定波長以上の光だけを透過する特殊なフィルターとプリズムが組み合わされているため，試料に励起光を照射すると，接眼レンズには励起光を遮断して蛍光だけが到達する．暗い視野に蛍光が浮かび上がる画像となるので，解像度より小さな物体もとらえることができる．

　沼の底上などの非常に嫌気的な環境に生息するメタン菌（メタンを生成する古細菌）は F420 とよばれる蛍光性の補酵素を含むので，420 nm の青紫色光を照射すると，菌体が 472 nm の青緑色の蛍光を発する．これを利用して，環境中に生息するメタン菌を定量することができる．しかし，蛍光性を有する生体成分は非常に少ないので，蛍光顕微鏡観察を行うときには目的に応じた蛍光物質を利用す

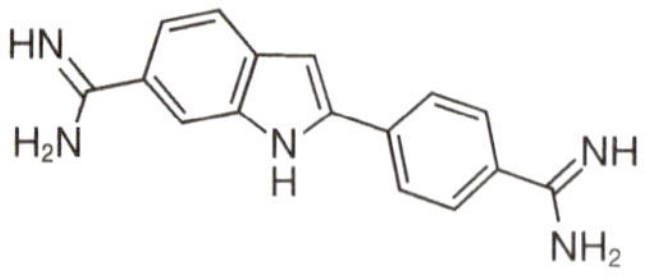

DAPI

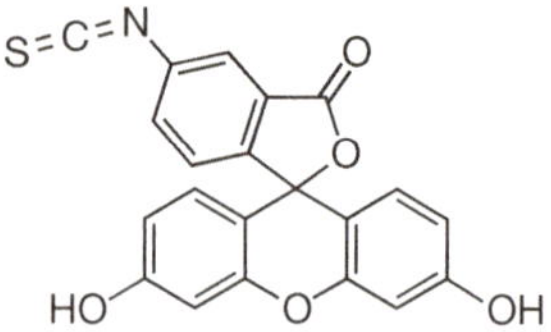

FITC

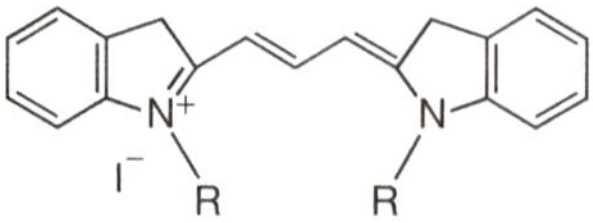

Cy3

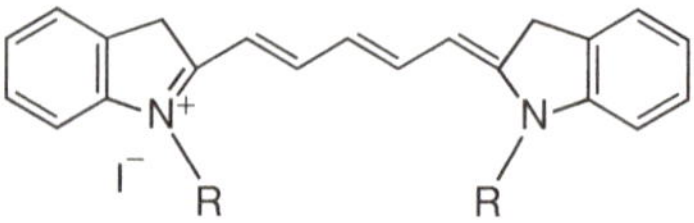

Cy5

蛍光物質	励起波長(nm)	蛍光波長(nm)
DAPI	358(紫外線)	461(青色)
GFP	460(青色光)	508(緑色)
FITC	498(青緑色光)	522(緑色)
Cy3	550(緑色光)	570(黄緑色)
Cy5	643(橙色光)	670(赤色)

図 4.5 主な蛍光物質とその励起波長・蛍光波長
蛍光物質は複数の芳香族環をもつ化合物が多い．GFPはオワンクラゲ由来のタンパク質．Cy3とCy5はタンパク質や核酸を蛍光標識するシアニン色素で，DNAマイクロアレイ解析などに用いられる．

るのが一般的である．蛍光物質には複数の芳香族環を有する低分子化合物が多いが，**緑色蛍光タンパク質**(green fluorescent protein, GFP)のように発光性生物(オワンクラゲ)由来のタンパク質も用いられている．

蛍光物質DAPI(4',6-diamidino-2-phenylindole)はDNAに対して特異的に結合するため，微生物を含む試料に添加して細胞に取り込まれると，DNAを含む核やミトコンドリアに局在する．この試料を蛍光顕微鏡を用いて観察すると，水色に近い青色の蛍光により核などの形態を知ることができる．また，土壌などの試料では微生物と無機物の粒子が混在しているので，通常の光学顕微鏡では，微生物を識別するのが困難な場合が多い．このような場合はDAPI染色を行うと細菌の核領域が光るので，確実に微生物の存在を確認することができる．

蛍光タンパク質であるGFPは構造がコンパクトなので，遺伝子工学的手法を

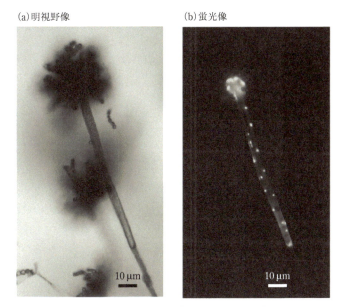

図 4.6 麹菌の核の局在性の蛍光顕微鏡観察(明視野像との比較)
麹菌 *A. oryzae* の分生子柄および頂囊(ちょうのう)の細胞の核に局在するヒストン H2B に蛍光タンパク質 GFP を結合して発現させた。同一視野の細胞について、明視野顕微鏡(a)、蛍光顕微鏡(b)により観察を行った。

用いることで、他のタンパク質の構造や機能にほとんど影響を与えずに融合タンパク質を作ることができる。これにより、特定のタンパク質が細胞内のどの領域に局在しているかを、GFP の蛍光により直接観察することが可能である。現在の蛍光顕微鏡は、通常の位相差(または明視野)方式と蛍光システムをワンタッチで切り替えることができるので、同一視野で位相差顕微鏡と蛍光顕微鏡観察を行って写真撮影し、画像を比較して解析するのが一般的である(図 4.6(a),(b))。

生物試料を薄切りの切片として固定し、特定の塩基配列をもつ一本鎖 DNA 断片に蛍光物質を結合したもの(プローブという)と混合して保温しておくと、試料中の特定の塩基配列をもつ DNA や mRNA にプローブが塩基対合により結合する(ハイブリダイゼーション、hybridization)。この試料を蛍光顕微鏡により観察すると、プローブの蛍光により特定の DNA や mRNA の存在を検出・定量することができる。このように蛍光物質で標識した DNA をプローブに用いてハイブリダイゼーションにより特定の塩基配列をもつ遺伝子などを検出する技術が

FISH 法 (fluorescence *in situ* hybridization) である．微生物学の分野では，特定の微生物の 16S rRNA 遺伝子の配列などをもとに設計されたプローブを用いて，微生物の集団の中から特定の微生物を検出・計数するのに FISH 法が利用される．医学の分野などでは遺伝子のマッピングや染色体異常の検出などに FISH 法が用いられている．

4.6 ■ 共焦点レーザー顕微鏡

　厚みのある試料では試料内部の距離の差のため一部にしか焦点が合わず，高性能の顕微鏡を用いても像にボケが生じる．これを回避するための技術が**共焦点レーザー顕微鏡** (confocal microscopy) である．

　レーザー光はレーザー発振器を用いて人工的に作られる光であり，指向性や集束性にすぐれるが，最大の特徴は光波の位相がそろっていることである．試料にレーザー光を照射したとき，試料の特定の位置で反射した光 (または発せられた蛍光) は厳密に特定の位置で焦点を結ぶ．深さがわずかでもずれると，焦点を結ぶ位置も変化する．そこで，ピンホールを通過させて絞ったレーザー光を試料に照射し，反射光・蛍光もピンホールを通過させて光検出器に入射すると，特定の深さから戻ってピンホールに焦点を結ぶ光だけが検出されることになる．レーザー光で試料を走査し，ポイントごとの画像をコンピューターで再構成することにより，試料の特定の深度の画像を得るのが共焦点レーザー顕微鏡の原理である (図 4.7)．試料を輪切りにしたようなボケのない明瞭な画像を得ることができるため，細胞の内部の構造についても詳細な情報を得ることができる．

　共焦点レーザー顕微鏡は，ピンホールを通過する微量の光子を検出するため，高感度な CCD カメラとコンピューターを備えている．ノイズを最小限にするために，暗く静かな設置場所を確保する必要があり，繊細な取り扱いが要求される．

4.7 ■ 電子顕微鏡

　顕微鏡の解像度は $R = 0.61\lambda/NA$ により制限されるため，可視光線を用いる限り 0.2 µm (200 nm) 程度が限界であるが，電子顕微鏡では可視光線よりもはるかに波長の短い電子線を用いることにより，飛躍的に解像度を向上できる．電子は

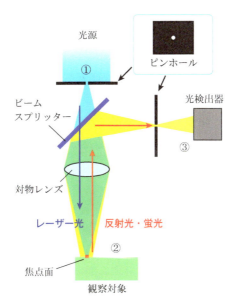

図4.7 共焦点レーザー顕微鏡の原理
①光源からピンホールを通してレーザー光を照射，②細胞の焦点面からの光をビームスプリッターで分光，③ピンホールにより焦点面の光だけを検出．

質量をもつ粒子であるが，量子力学の原理により集束した電子ビームは波動としての性質もあわせもつ．電子は負電荷を有するので，電子ビームを正電荷を帯びた環を通過させると広がり，負電荷を帯びた環を通過させると集束する．すなわち，電子ビームを電荷を帯びた環により凹レンズや凸レンズのように屈折させて利用することができる．電子線の波長は電子の速度によって決まり，速度が大きいほど波長は短くなる．電子顕微鏡の電子ビームは，電子の発生源である電子銃の電圧により加速するので，加速電圧の高いものほど高倍率が望める．電子顕微鏡の開発により，細胞内の小胞体やゴルジ体などの微細な膜構造や微小管，微小繊維が発見され，ウイルスの本体も観察可能となっている．

電子顕微鏡には，**透過型電子顕微鏡**(transmission electron microscopy, TEM)と**走査型電子顕微鏡**(scanning electron microscopy, SEM)の2種類がある．原理がまったく異なるので，同一の機器を切り替えて使用することはできず，それぞれの専用機器が用いられる．TEMは薄切りにした試料を透過した電子線を電磁レンズにより拡大して映像を得るものであり，細胞の微細な内部構造を観察する

(a) TEM 像　　　　　　　　　　(b) SEM 像

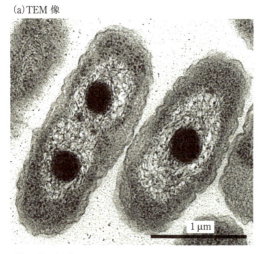
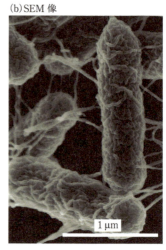

図 4.8 細菌 *Alcaligenes denitrificans* の透過型電子顕微鏡 (TEM) 像 (a) と走査型電子顕微鏡 (SEM) 像 (b)（明治大学 佐藤道夫博士 提供）

のに用いられる．一方，SEM は試料の表面を電子線によって走査し，試料から反射された二次電子線をとらえて画像にするものであり，細胞の外形を観察するのに用いられる（図 4.8(a)，(b)）．

電子線は原子の内殻電子により散乱されるため，電子顕微鏡観察するためには試料を電子を散乱しやすい重金属で染色する必要がある．電子顕微鏡は試料作製と観察に特殊な技能が必要であり，「職人芸」ともいえる技術をもつ専門家が活躍する分野でもある．特に，TEM 試料の作製は非常に手間と時間がかかる作業であり，工程の良否により細胞が大きく変形することが多く，得られる画像に影響する．

一般的な TEM 試料の作製方法は凍結置換法である．緩衝液に懸濁した微生物の細胞を液体窒素を用いて瞬時に凍結し，オスミウム酸 (OsO_4) により酸化固定して重金属のオスミウムを組織内に沈着させるとともに脱水する．専用のエポキシ樹脂に包埋して固形化した後，ウルトラミクロトームを用いて厚さ 50 nm 程度の超薄切片を作製する．さらに，酢酸ウラニルや酢酸鉛の溶液に浸けて重金属染色した後，電子顕微鏡観察を行う．オスミウム (Os)，ウラン (U)，鉛 (Pb) による三重染色では，核酸・タンパク質・脂質などが黒く染まり，多糖の成分は白く抜けて見える．細胞内のリボソームなどの粒子を明瞭に観察できる方法や，膜

構造が強調される方法などが，試料の処理法と染色に用いる重金属により工夫されている．一般的な TEM では加速電圧 100～300 kV で，解像度 0.1～0.3 nm が得られる．最高倍率としては 50 万倍に達する画像を観察できる．なお，酢酸ウラニルは核燃料である「国際規制物質」の 1 つなので，法律により厳しい管理が義務づけられている．電子顕微鏡用の試薬であっても，使用許可を受けた施設（material balance area，MBA とよばれる）以外では使用できず，購入・保管・廃棄は法令に従って厳格に行う必要がある．

一方，SEM 試料を作製するときは，電子線を細胞の表面で散乱させるために，真空蒸着装置の中で金や白金パラジウムを蒸着する．試料を凍結し，ナイフで切断して切断面に重金属を蒸着するフリーズエッチング法も行われる．凍結試料は脂質二重膜の間で割れることが多いので，細胞膜の構造を直接観察するのに適している．試料表面を電子線で走査するメカニズムはレーダー観測と同じことであり，立体感あふれる画像が得られる．SEM は電子線を絞る電磁レンズの特性から TEM ほどの高倍率を得ることは難しく，加速電圧 0.5～30 kV で，解像度 0.5～4 nm 程度が一般的である．

4.8 ■ 原子間力顕微鏡

これまでに述べた顕微鏡の原理は試料に照射した光線（あるいは電子線）をレンズ系で屈折させて画像を得るという点で共通しているが，**原子間力顕微鏡**（atomic force microscopy）の原理はまったく異なる．カンチレバーとよばれる長さ 100～200 μm，厚さ 1 μm 程度の薄く柔らかい板の先端に取り付けた長さ 3 μm，先端の曲率半径 20 nm 程度の鋭い探針（プローブ）を用いて試料の表面をなぞると，試料の凸凹に合わせてカンチレバーが上下する．カンチレバーの背面にレーザー光を照射しておくと，カンチレバーの上下に従って「光てこ」の原理でレーザー光の反射光が大幅に増減して変位するため，これを検出することにより試料表面の微細な凸凹を観察する．

探針と試料は原子間力の働く距離で作用する．探針が試料に接近すると，ファンデルワールス力（van der Waals force）により探針が試料に引き寄せられるが，近づきすぎて電子雲どうしが接触すると強い反発力が発生するので，結果的に探針と試料は原子間力により常に一定の距離を保とうとする．走査型電子顕微鏡で

第 4 章　顕微鏡観察

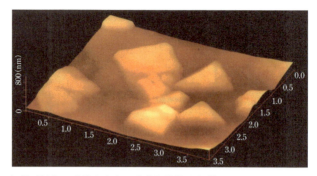

図 4.9　三角形平板状の形態を有する高度好塩性古細菌 *Haloarcula japonica* の原子間力顕微鏡 (AFM) 像
[K. Umemura *et al.*, *Bioimages*, **6**, 77 (1998)]

は試料の表面を重金属で蒸着する必要があるので, 分子レベルでは「厚化粧」した試料を観察することになるが, 原子間力顕微鏡では分子レベルで試料の表面の形状を直接観察することが可能である(図 4.9). 電子顕微鏡に比較して驚くほどコンパクトな装置で高倍率が得られるため, 微生物研究の分野でもさまざまな局面で原子間力顕微鏡が活用されるようになっている.

さらに, 試料を自然に近い状態で観察するために, 液中での観察を可能にした周波数変調原子間力顕微鏡 (frequency modulation AFM, FM-AFM) が開発されている. 試料表面とプローブとの間に働く相互作用力を振動するカンチレバーの共振周波数変化として検出することにより, タンパク質や DNA などの分子の液中での構造が観察されている.

4.9 ■ その他の顕微鏡

顕微鏡の技術は日進月歩であり, 次々と高性能の顕微鏡が開発されている. 試料の微細構造の観察には電子顕微鏡が用いられるが, 電子顕微鏡は試料を固定した上に重金属で染色する必要があるため「生きたまま」の生物試料とはかけ離れている. さらに, 電子線を照射するために試料を高真空下に置く必要があり, 共有結合を破壊するエネルギーをもつ電子線による放射線損傷と高真空が与える影響のため試料の変形と構造破壊が無視できない.

透過型電子顕微鏡の一種である**クライオ電子顕微鏡** (cryo-electron microscopy,

cryo-EM）では，極低温に保持して熱的なゆらぎを最小限に抑えて固定した試料に微量の電子線を照射することにより，生体試料を染色固定せずに観察することが可能である．電子線のエネルギーを抑えることにより放射線損傷も回避されている．低エネルギーの電子線を検出する高感度センサーと，低露光の画像を何枚も重ねて処理することにより鮮明な画像を得るソフトウエアの開発によりクライオ電子顕微鏡では生体試料について 0.3 nm 程度の解像度が可能であり，生体分子の形態を直接観察することも可能となっている．

実体顕微鏡は焦点距離の長い対物レンズを用いて，正立像が得られるうえに，試料周辺に作業空間が確保できる方法である．一方，通常の光学顕微鏡では倒立像が観察されるため，顕微鏡下で細かい作業を行うには不便である．実体顕微鏡は 20～50 倍程度の倍率だが順光で明るい視野の下で作業できる利点を有する．

現在の微生物研究ではゲノム解析やトランスクリプトーム，メタボローム解析など，一度に多量の情報が得られる分子レベルでの網羅的な解析が流行であり，微生物を顕微鏡で観察する機会は減少傾向にある．しかし，微生物の研究には微生物の「素顔」をとらえる顕微鏡は必須アイテムであり，目的に応じて種々の顕微鏡を使いこなすことの重要性は変わらない．

参考書・参考資料

・野島 博 編，改訂第 3 版　顕微鏡の使い方ノート，羊土社（2011）
　→ 見やすい図版により各種の顕微鏡の使い方がていねいに説明されている．
・オプトロニクス社編集部，光学系の仕組みと応用―主要光デバイスにおける光学系機構と応用の実際，オプトロニクス社（2003）
　→ 顕微鏡などの光学機器の光学系の原理と機構が詳細に説明されている．
・荘 致宏，村田和義，「クライオ電子顕微鏡によるタンパク質の動的構造解析（総説）」*J. Comput. Chem. Jpn.*, **17**, 38（2018）
　→ クライオ電子顕微鏡の原理と最新の利用法が説明されている．
・一井 崇，「原子間力顕微鏡の発展と最近の動向（総説）」，表面技術，**59**，806（2008）
　→ 原子間力顕微鏡に関する技術の進展と利用法が説明されている．
・石川春律，高松哲郎 編，共焦点レーザー顕微鏡の医学・生物への応用（新しい光学顕微鏡　第 2 巻），学際企画（1995）
　→ 共焦点レーザー顕微鏡の医学分野への応用技術が説明されている．

第5章 微生物の分類

　微生物は，細菌（シアノバクテリア，放線菌を含むいわゆる真正細菌），古細菌，菌類（酵母，カビ，キノコなど），原生生物に大別される．細菌と古細菌は原核微生物であり，菌類と原生動物は真核微生物である．このような微生物を顕微鏡で観察した場合，大きさや形態から原核微生物と真核微生物の区別などの大まかな判断はできるかもしれないが，それ以上の絞り込みは困難となる．微生物種を決定するためには，対象となる微生物に応じたさまざまな分類指標について解析する必要がある．

5.1 ■ 微生物の命名法

　微生物に限らず地球上の生き物として見いだされているものには，学名と慣用名の2つの名前がある（一部に学名だけしかついていないものもある）．学名はラテン語であり，*Homo sapiens*（ヒト），*Cosmos bipinnatus*（コスモス），*Aspergillus oryzae*（コウジカビ），*Escherichia coli*（大腸菌）のように2語からなっている．こうした二命名法（または二名法）とよばれる学名の表記法は，1758年にスウェーデンの博物学者 C. von Linne により提唱されたもので，それぞれ属名・種名を示し，属名の最初の文字のみ大文字とし，イタリック体で表記する．属名が明らかな場合は，*E. coli*（大腸菌）のように，頭文字だけ（まれに2文字目ないし3文字目まで）示して略記する．*E. coli* の学名は，大腸菌を分離したオーストリアの学者 T. Escherich と大腸を意味する colon に由来する．このように学名はその生物の性状や分離源，微生物学者の名前などに起因することが多い．

　生物の分類体型は，上からドメイン・界・門・綱・目・科・属・種と分けられている（表5.1）．ヒトの場合は真核生物・動物界・脊椎動物門・哺乳動物綱・霊長目・ヒト科・ヒト属・ヒトとなる．属名・種名からなる学名は生物分類上の位置を明らかにするためにつけられた「万国共通名」である．通常，生物の名前は形態および生殖様式からつけられるが，微生物は非常に小さく形態のみによって

第 5 章　微生物の分類

表 5.1　分類階級と学名

階級名	大腸菌	枯草菌	ヒト
ドメイン (domain)	Bacteria	Bacteria	Eukaryota
界 (kingdom)	Bacteria	Bacteria	Animalia
門 (phylum)	Proteobacteria	Firmicutes	Chordata
綱 (class)	Gammaproteobacteria	Bacilli	Mammalia
目 (order)	Enterobacteriales	Bacillales	Primates
科 (family)	Enterobacteriaceae	Bacillaceae	Hominidae
属 (genus)	*Escherichia*	*Bacillus*	*Homo*
種 (species)	*coli*	*subtilis*	*sapiens*

分類することは困難なため，生理・生化学的性質，化学的組成，リボソームRNA (rRNA) 遺伝子の塩基配列などが重要な基準となる．未知の微生物菌株について形態や性質を検討して分類し，その名前を決定する一連の操作を同定という．新規な微生物の学名を提案する場合，その学名に対する基準が必要となる．新属を提案する場合には基準種 (type species) を，新種の場合には基準株 (type strain) を定める．*Escherichia coli* ATCC 11775^T のように，菌株名の後に上付き文字の「T」がついている菌株は，その種の基準株を示している．

細菌と古細菌の学名は，国際原核生物分類命名委員会 (International Committee on Systematics of Prokaryotes, ICSP) による国際細菌命名規約 (International Code of Nomenclature of Bacteria) に沿って命名されている．新しい学名を提案する場合には，*International Journal of Systematic and Evolutionary Microbiology* などの学術雑誌にその性状を記載する必要がある．また，真核生物である酵母やカビは，国際植物命名規約 (International Code of Nomenclature for algae, fungi, and plants, ICN) に沿って学名がつけられている．新名を登録する場合は，MycoBank (http://www.mycobank.org/) などの登録機関への登録および 2 ヶ所以上の公的な保存機関への菌株の寄託が必要である．

5.2 ■ 微生物の同定

酵母やカビなどの真核微生物の分類・同定は，これまで主に形態学的な知見に基づいて行われてきており，重要な分類指標となっている．原核生物 (細菌と古

細菌)についても,分類群によっては,形態的特徴は重要な項目として位置づけられている.また,生理・生化学的性質などについても調べる必要がある.さらに,多くの微生物について,rRNA 遺伝子の塩基配列による系統解析に基づいた分類体系が構築されており,この塩基配列解析によって,分類を効率よく進めることができる.細菌や古細菌では 16S rRNA 遺伝子,真核微生物では 18S rRNA 遺伝子の塩基配列が系統解析に用いられる.rRNA 遺伝子の塩基配列解析などによって,属レベルまで絞り込むことができたら,DNA の相同性解析を行って種の同定を行う.同定の手順について図 5.1 に示す.

同定方法は以下のように大別される.
(1) 形態観察
(2) 生理学的性質の解析
(3) 化学分類(細胞壁組成,キノン分子種,脂肪酸分析など)
(4) DNA 分析(rRNA 遺伝子の塩基配列解析,DNA-DNA ハイブリダイゼーション試験など)

以下に,細菌の同定方法について主に説明する.

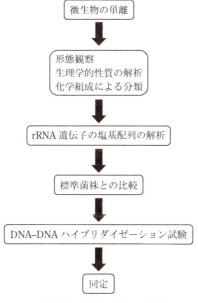

図 5.1　微生物同定の手順

5.3 ■ 形態観察

　微生物の分類の第一歩は形態観察である．寒天培地上で形成されたコロニーの観察や光学顕微鏡による細胞の形態観察により，その微生物がカビ，酵母，細菌のいずれであるかといった大まかな区別はできる．また，細胞を染色して顕微鏡観察すると，微生物以外のものと見分けやすくなる．グラム染色を行うと，細胞の大きさや形状に加えて，細菌の細胞表層構造に基づく分類情報が得られる．また，形態を観察することが困難なべん毛も染色をすることにより観察することができる．

5.3.1 ■ 細胞形態

　寒天培地上で形成されたコロニーは，形，隆起，表面と周辺の形状，色，光沢，色素生産性などの項目について目視で観察する．コロニーが乾燥しているか，粉状かバター状か，粘稠体（ムコイド状）かなどの性状に関する所見も重要である．分類のための直接のデータにはしにくいが，微生物の培養液は種類によってそれぞれ独特のにおいがするので体験しておくとよい．有機酸発酵を行う腸内細菌は甘酸っぱいにおいをもつものが多く，アルコール発酵性の強い酵母は果実臭がし，放線菌は独特の土のにおいがする．経験を積むと，においによって菌の種類や雑菌の混入の有無をある程度推測することができる．

　微生物細胞の形態観察には顕微鏡が不可欠である．生きたままの微生物の姿を簡便に見るためには，スライドガラスに培養液または生理食塩水を滴下し，菌体をごく少量懸濁してカバーガラスを被せ，位相差顕微鏡を用いて600～1,000倍で形態（桿菌か球菌か，大きさ，連鎖性，胞子の有無，運動性など）を観察する．細胞の大きさなどは，マイクロメーターを用いて測定しておくとよい．微生物の運動性については，ホールスライドガラスという凹みのついたものを用いて，三次元的に遊泳する細胞を観察する．このとき小さな細胞は水分子の衝突によるブラウン運動のため振動して見えるので，微生物自身の運動と間違えないように注意しなければならない．

5.3.2 ■ グラム染色

　グラム染色(Gram staining)は，細菌を色素(クリスタルバイオレット)によって染色する方法であり，細菌分類の指標の1つである．染色によって染まるものをグラム陽性，染まらないものをグラム陰性という．この染色性の違いは細胞壁の構造の違いによる．対数増殖期の菌体をスライドガラス上に火炎固定し，クリスタルバイオレット水溶液で1分間染色して水洗する．対数増殖期以外の菌体を用いると，染色性が悪くなり結果を誤ることがあるので注意を要する．次にルゴール液に1分間浸して水洗し，95％エタノール中でゆっくり振って脱色する．さらに水洗した後，サフラニン水溶液で1分間染色して判定する．細胞表層に厚いペプチドグリカン層が露出しているグラム陽性菌は青紫色に染まり，細胞外膜を有するグラム陰性菌はエタノールにより脱色されるので，その後のサフラニン水溶液での染色により赤く染まる．細菌の中には，グラム陽性か陰性かに判然と区別できず，グラム不定となるものもある．正確に染色・判定するためには，同一のスライドガラスにグラム陽性菌の *Staphylococcus aureus* とグラム陰性菌の *Escherichia coli* をおいて，試料と同時に染色操作を行って判定に慎重を期するようにする．細胞の大きさや形状とともにグラム染色性を確認する場合には，光学顕微鏡を用いて観察する．

5.3.3 ■ べん毛染色

　運動性を有する細菌は，べん毛の着生状態が重要な分類指標となる．スライドガラス上に滴下した生理食塩水に対数増殖期の菌体を少量接種し，細菌が自分で泳いで広がるようにしてから風乾する．培養液を試験管ミキサーで撹拌するとべん毛が脱落するため注意を要する．ミョウバン・フェノール・タンニン酸・フクシンを含む染色液により30秒～2分間染色し，静かに水洗・風乾すると，直径10 nm程度のきわめて細いべん毛に色素が付着して太くなり，光学顕微鏡で観察できるようになる．べん毛は非常にもろく，染色の最適条件も菌株によって異なるので，染色標本づくりの中でもっとも難易度の高いものの1つである．電子顕微鏡によるべん毛の直接観察もよく行われるが，試料作製中にべん毛が抜け落ちやすいので注意が必要である．

5.4 ■ 生理学的性質の解析

細菌の生理学的性質については，炭素源や窒素源（硝酸塩やアンモニウム塩など）の利用性，生体高分子（デンプンやゼラチンなど）の分解性や有機化合物などの分解性，各種酵素（アミノ酸脱炭酸酵素，ウレアーゼなど）の活性，代謝産物（インドールなど）の蓄積，色素の生産性などが分類学的指標として活用されている．これらの指標の試験は，試験株の分類群によって必要となる試験項目や実験方法が異なるため，形態観察やrRNA遺伝子の塩基配列による系統解析などによってどのような属・種に属する菌株かをある程度推定した後，これらの生理学的性状試験を行うと効率的である．グラム陽性菌，グラム陰性菌，酵母などについて生理学的性状試験を簡易に行うことができる微生物同定キットが市販されている．

5.5 ■ 化学組成による分類

細菌などの場合，菌体脂肪酸やリン脂質の組成，電子伝達系の補酵素であるイソプレノイドキノンの組成，細胞壁ペプチドグリカンのアミノ酸などの組成や配列なども重要な分類指標になる．

5.5.1 ■ 菌体脂肪酸の組成

脂肪酸は古細菌を除く生物に広く存在する細胞成分である．細胞には，炭素骨格や官能基の異なる多様な脂肪酸が存在するため，分類指標として広く使用されている．細菌内では，脂肪酸はほとんどがリン脂質の形で存在する．古細菌は，脂肪酸の代わりにイソプレノイドやアルキルグリセロールをもっている．菌体脂肪酸は，クロロホルム-メタノール混合溶液などを用いて抽出した後，メチルエステル化し，ガスクロマトグラフィー（gas chromatography, GC）により分析する．GCを用いた脂肪酸による微生物同定システムとして標準化されたMicrobial Identification Inc.のSherlock®システム（MIDI法）が，世界的に広く普及している．

5.5.2 ■ イソプレノイドキノンの組成

イソプレノイドキノンは，呼吸の電子伝達系の補酵素である．細菌には多様なイソプレノイドキノンが知られているが，ナフトキノンとベンゾキノンに大別され，それぞれメナキノンとユビキノンに代表される．イソプレノイドキノンの分子種は，有機溶媒により菌体から抽出した後，薄層クロマトグラフィー（thin-layer chromatography, TLC），高速液体クロマトグラフィー（high-performance liquid chromatography, HPLC），質量分析（MS，8.8 節参照）などで解析する．

5.5.3 ■ 細胞壁ペプチドグリカンの組成

グラム陰性菌の細胞壁ペプチドグリカンのペプチド部分は，2,6-ジアミノピメリン酸，アラニン，グルタミン酸からなり，多くのグラム陰性菌の間で大きな差異はないため，分類指標として有用ではない．一方，グラム陽性細菌では，2,6-ジアミノピメリン酸がほかの異性体やジアミノ酸などに置換されており，これが属レベルで一定であるため，ペプチドグリカンのアミノ酸組成や配列が有用な分類指標となる．ペプチドの構造を調べるためには，調製した細胞壁を塩酸で加水分解して，TLC，アミノ酸分析，GC を用いてアミノ酸組成を調べる．

5.6 ■ DNA 分析

rRNA 遺伝子の塩基配列の解析は，解析結果をデータベースに登録されているさまざまな微生物由来の rRNA 遺伝子の塩基配列と比較することにより，どの属種の微生物とどの程度の相同性を有しているのかについて調べるために広く利用されている．また，DNA-DNA ハイブリダイゼーション試験は，微生物種がおおむね絞り込めた段階で，近縁種の基準株と同種同属であるかどうかを判定するために用いられる．

5.6.1 ■ rRNA 遺伝子の塩基配列の解析

rRNA は全生物に普遍的に存在する核酸分子であり，進化系統の解析に有用な分子マーカーとして利用されている．細菌の 16S rRNA 遺伝子は 1,500〜1,800 塩基の大きさであり，その中の共通な塩基配列保存領域をもとに PCR 増幅（10.9 節

参照)して，DNA の塩基配列を決定して解析する．16S rRNA 遺伝子の両端には保存性の高い塩基配列が存在するので，これらを標的とした PCR プライマーを用いれば，ほぼ全領域の 16S rRNA 遺伝子の塩基配列を決定することができる．16S rRNA 遺伝子の上流域は可変領域が多く，上流の 500 bp 程度を解析するだけでも大まかな同定はできるが，より正確な同定を行うためには，ほぼ全領域に近い 1,400 bp 以上を解析することが望ましい．

16S rRNA 遺伝子の塩基配列は，DDBJ/EMBL/GenBank の国際塩基配列データベース(http://www.insdc.org/)に登録されている．同定したい株の 16S rRNA 遺伝子の塩基配列を決定した後，これらのデータベースで BLAST(Basic Local Alignment Search Tool)検索(https://blast.ncbi.nlm.nih.gov/Blast.cgi)とよばれる相同性検索を行えば，どのような微生物とどの程度の相同性を有しているかわかる．既知種の基準株との相同性を調べたいときは，EzTaxon というデータベース(https://www.ezbiocloud.net/)を用いるのが便利である．16S rRNA 遺伝子の塩基配列解析による微生物の分類は，属によって種の数が異なることなどから，おおむね属を決定できるものの，種の決定には十分な情報が得られない場合がある．また，さらに正確な同定を行うのであれば，近隣結合法(neighbor-joining method, NJ 法)や最尤法(maximum likelihood method, ML 法)などのプログラムによる系統解析を行う必要がある．複数配列を比較するツール(配列アライメントツール)として，ClustalW や ClustalX(http://www.clustal.org/)が広く利用されている．これらのプログラムは，ウェブサーバー上で利用できるだけでなくダウンロードして使用することもできる．ClustalX の結果から系統樹を作成するプログラムとして，PHYLIP(http://evolution.genetics.washington.edu/phylip.html)がある．

酵母やカビなどにおいても，rRNA 遺伝子配列に基づいた同定が汎用されている．ITS(internal transcribed spacer)領域あるいは 26/28S rRNA 遺伝子内の D1/D2 領域(ドメイン 1 および 2：可変領域)を対象とした解析がなされている(図 5.2)．

5.6.2 ■ DNA-DNA ハイブリダイゼーション試験

全染色体レベルでの DNA の塩基配列の相同性を比較する際に，DNA-DNA ハイブリダイゼーション試験が用いられる．近縁種の基準株との DNA-DNA ハ

MALDI-TOF MS による微生物の同定

　MALDI-TOF MS(8.8.1 項参照)を用いた微生物の同定システムが，国内外のメーカーから販売されている．分子量が約 2,000〜20,000 のタンパク質が解析されるが，こうして検出されるタンパク質の半数以上はリボソーム由来のタンパク質である．ピーク強度やピークのパターンを登録されているデータベースと比較することによって，微生物が同定される．10 分程度で結果が得られるため，迅速な結果を必要とする際には有用である．データベースにおける登録菌数が少ないことが課題となっているが，データベースの充実にともない有力な迅速同定法となることが期待される．

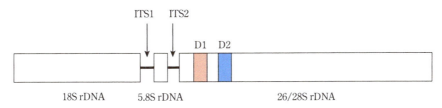

図 5.2　酵母やカビの ITS および D1/D2 領域
　　　　ITS 領域の非転写領域 ITS1 および ITS2 を図中矢印で示した．また，D1 領域をピンク，D2 領域を青で示した．

イブリダイゼーション試験を行うことにより，同種/異種の判定要因の 1 つにすることができる．二本鎖 DNA は温度を上げると解離するが，温度を下げると再び会合する．ある程度の相同性がある異なる DNA 間でもこのような再会合反応が起こり，この再会合の程度から異なる 2 つの DNA の塩基配列の間の類似度を決定することができる．DNA–DNA ハイブリダイゼーション試験にはいくつかの方法が開発されているが，大別すると，2 種類の DNA を等量混合してハイブリダイゼーション反応を行う方法(液相法)と，一方の DNA を担体に固定して溶液中の標識した DNA とのハイブリダイゼーション反応を行う方法(固相法)がある．会合した DNA を検出するためにはビオチン標識した DNA が用いられる．低分子ビタミンであるビオチンは塩基性糖タンパク質であるアビジンと特異的に結合するので，発色反応や蛍光を発する酵素で標識したアビジンを用いて，ビオチン標識 DNA と結合させる．その後，適切な基質を加えて発色や蛍光強度を測

定することにより，DNAの結合量を定量することができる．DNA-DNA相同性試験で既知のどの種とも類似度が60%以下であれば，新しい菌種として記載する必要がある．

5.7 ■ 真菌の分類と同定

酵母，カビ，キノコを含む真菌の分類は，主に形態学的な知見，なかでも有性生殖器官の形態に基づいて分類されている．真菌は6つの門，ツボカビ門，接合菌門，子嚢菌門，担子菌門，グロムス菌門，微胞子虫門に分類されている．肉眼での観察では，寒天培地上に形成されたコロニーの性状や有性胞子・無性胞子の有無などについて調べる．顕微鏡による観察では，生殖器官の様式，有性胞子の形状，無性胞子の形状，着生状況などについて調べる．また，生育温度，代謝産物などの生理学的性状，生態，交配能などの形質も加える．さらに，特定の遺伝子の配列を解析して分類する方法も用いられている．

5.8 ■ 微生物群集の解析

rRNA遺伝子の塩基配列の解析などの分子生物学的手法は，培養が困難な微生物群集の解析にも利用することができる．微生物群集を解析するためには，DGGE法やT-RFLP法が用いられる．また，次世代シーケンサーを用いて微生物群集から回収したDNAについて網羅的に塩基配列を解析するメタゲノム解析も用いられている．

5.8.1 ■ DGGE法

複数の微生物が存在する試料から抽出したDNAをもとにして，PCRによりrRNA遺伝子を増幅すると，群集中のさまざまな微生物のrRNA遺伝子の混合物が増幅されてくる．増幅されたDNAの混合物を塩基配列の違いに基づいて分離する電気泳動法が，**変性剤濃度勾配ゲル電気泳動**(denaturing gradient gel electrophoresis, **DGGE**)**法**であり，複合系の微生物群集の解析などに利用されている（図5.3）．この方法は，変性剤により二本鎖DNAがほどけて一本鎖へと解離するときには二本鎖DNAのGC塩基含量が多い領域ほど解離しにくく，GC塩基

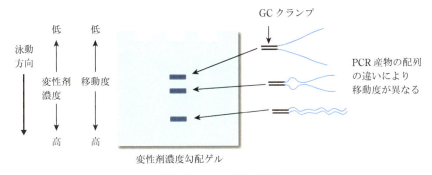

図 5.3 DGGE 法の原理

含量が少ない領域は解離しやすいという性質を利用している．試料の DNA について PCR を実施する際に，PCR プライマーに GC クランプ(GC 塩基含量に富んだ DNA)を付加しておくことにより，増幅された DNA の一端に GC クランプをもつ PCR 産物が得られる．このような PCR 産物を尿素やホルムアミドなどの変性剤を加えたゲルを用いて電気泳動すると，GC クランプ部分は二本鎖を保持しつつ，変性剤の濃度と増幅部分の GC 含量などの配列の違いに応じて，部分的に解離して Y 字型となった PCR 産物が泳動されるため，塩基配列の違いに基づいた分離が可能となる．電気泳動により検出されたバンドの数は微生物種の数に対応し，バンドの位置は，微生物種に固有のものとなる．したがって，検出されたバンドパターンを調べることにより，試料中の微生物群集中の特定の微生物種の出現と増減の変化を解析することができる．

5.8.2 ■ T-RFLP 法

末端標識制限酵素断片多型分析(terminal restriction fragment length polymorphism, **T-RFLP**)**法**は，微生物群集を含む試料から抽出した DNA をもとにして，5′ 末端を蛍光標識したプライマーを用いて複数の微生物種の rRNA 遺伝子を増幅し，制限酵素で切断した後，標識された DNA 断片を電気泳動により分離して解析する方法である(図 5.4)．この増幅産物を制限酵素(主に 4 塩基認識)で切断すると，配列の違いにより，さまざまな長さの DNA 断片が得られる．これを DNA シーケンサーなどのキャピラリー電気泳動装置を用いて電気泳動することによって，微生物の種類や量を推定することができる．

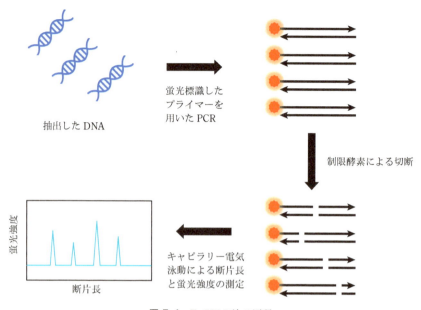

図 5.4　T-RFLP 法の原理

5.8.3 ■ メタゲノム解析

メタゲノム解析（metagenomic analysis）とは，微生物群集からのさまざまな微生物のゲノムが混在したままの状態で網羅的に DNA 配列情報を解析することである．次世代シーケンサー（10.8.2 項参照）を用いたメタゲノム解析が世界的に普及している．これまでに，鉱山廃水，海洋，土壌，ヒト，動物，昆虫腸内，極限環境，食品などに由来する微生物群集のメタゲノム解析が行われている．なかには，メタゲノム解析によって得られたデータをコンピューター上でつなぎ合わせることにより，未培養微生物の全ゲノム解析に至った例も報告されている．

参考書・参考資料

・鈴木健一朗,平石 明,微生物の分類・同定実験法,丸善出版(2012)
　→微生物の分類・同定法全般について詳細に記載されている.
・中村和憲,関口勇地,微生物相解析技術—目に見えない微生物を遺伝子で解析する,米田出版(2009)
　→rRNA解析やDGGE法,T-RFLP法などについて詳細に解説されている.
・杉山純多,菌類・細菌・ウイルスの多様性と系統(バイオディバーシティ・シリーズ),裳華房(2005)
　→菌類や細菌,ウイルスの多様性について詳細に解説されている.
・服部正平,今すぐ始める! メタゲノム解析 実験プロトコール(実験医学別冊 NGSアプリケーション),羊土社(2016)
　→メタゲノム解析について多数の解析例が紹介されている.

第6章 突然変異株の取得

今日でもさまざまな目的で突然変異株の取得が活発に行われている．次世代シーケンサーによる微生物ゲノム配列の決定に係る費用が大幅に安価になったことで，野生株とその変異株の全ゲノム配列を比較することにより変異部位を同定する手法も日常的に行われている．本章では，微生物の突然変異株を取得する方法や原理について概説する．

6.1 ■ 突然変異体とは

生物がもつ遺伝子の基本構成を遺伝子型（genotype）というが，**突然変異**（mutation）により，特定の遺伝子が変化することがある．この結果，遺伝子産物が正しく機能しなくなり，観察可能な特徴である表現型（phenotype）が変化してしまうことがある．**突然変異体**（mutant）とは，遺伝子に変化が起こったためにもとの生物とは異なる性質を獲得した生物個体または細胞のことである．突然変異により得られた性質は子孫に伝わるのが特徴で，ヒトの色盲や血友病などの遺伝病も最初は突然変異によって生じたものと考えられる．ある程度性質が明らかとなり，系統的な培養系が確立している突然変異体を**突然変異株**（**変異株**，mutant strain）という．また，突然変異株に対してもとの株を**野生株**（wild-type strain）という．多くの場合，遺伝子にはタンパク質がコードされており，突然変異により特定のタンパク質の機能に変化が生じる．溶血性貧血を引き起こす鎌状赤血球症は，ヘモグロビンのβ鎖を構成するアミノ酸の1個が突然変異により変化したことが原因であることがわかっている（図6.1）．また，微生物においては，有用生産物の生産性向上を目的に突然変異処理を行い，生産性向上株の取得が試みられている．このように，突然変異体の研究は，生物体における特徴的な現象をタンパク質や遺伝子の分子レベルまでさかのぼって解明することのできるきわめて有力な手段である．

ヒトやイネなどの高等動植物の細胞は，細胞増殖の全過程が2倍体であるから，

第6章 突然変異株の取得

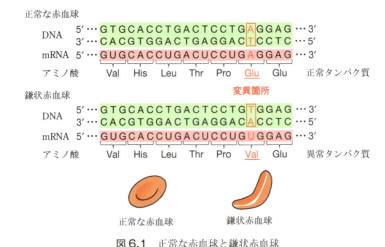

図 6.1 正常な赤血球と鎌状赤血球

　性染色体以外の染色体はすべて2つずつある．正常な遺伝子と変異遺伝子の2本が同時に存在するとき，変異遺伝子の性質が細胞に表現される場合，この変異は優性であるという．正常遺伝子の性質のほうが表現される場合，この変異は劣性である．また，このように遺伝子により表現される性質を形質(trait)という．突然変異による形質は多くが劣性であるから，高等動植物に突然変異による形質が発現するためには，2本の相同染色体上の特定遺伝子に両方とも変異が起こらなければならない．

　特定の遺伝子に変異が起こる確率を 10^{-6} 程度とすると，2倍体の生物で目的の変異株を取得するためには 10^{12} もの細胞もしくは個体を検索しなければならないことになる．そのため，動物細胞などでは有効な選択手段のあるものを除いて，積極的な突然変異株の分離はあまり行われていない．

　細菌・シアノバクテリアなどの原核生物はすべて1倍体であり，酵母・カビなどの真菌類にも1倍体世代が存在するため，これらの微生物は1つの遺伝子に変異が起これば直ちに形質の変化として現れる．さらに微生物は培養が容易で，世代時間(7.1節参照)が非常に短いため，数多くの検体を効率よく検索することができる．そのため主として大腸菌・枯草菌・酵母などにおいて，いろいろな遺伝子の変異株が取得されている．変異株の解析の中でもっとも期待されるのは，変

異形質を相補して野生型(wild type)に戻ることを指標にして，もとの遺伝子をクローニングすることである．クローニングした遺伝子を解読することにより，そこにコードされるタンパク質の構造や機能についてさまざまな情報が得られるとともに，この遺伝子を用いてさらに進んだ解析を行うことができる．よい変異株がとれるかどうかが，細胞の構造・機能を研究するうえで決め手となることが多いため，突然変異株の分離の手法にはさまざまな工夫がなされている．

6.2 ■ 突然変異の種類

突然変異にはたった1個の塩基対が変化したもの(点変異)から，複数の遺伝子にまたがるもの，染色体レベルで大きな変化の起こるものまで，さまざまな規模のものが存在する．DNAの変化の仕方からは点変異・欠失・重複・逆位・挿入・転座・置換に分類される(図 6.2)．変異の起こった遺伝子が果たしていた役割によって，突然変異株を分類することもある．

アミノ酸や核酸などの生合成に関与する酵素をコードする遺伝子の突然変異によって特定のアミノ酸や核酸が合成できなくなると，生育のために対応するアミノ酸や核酸を栄養素として必要とする栄養要求突然変異株になる．微生物によって作られる化学物質で，ほかの微生物や培養細胞の発育または代謝を阻害する物質を抗生物質といい，ペニシリンやストレプトマイシンは代表的な抗生物質である．特定の抗生物質の標的となる分子の変化などにより，その抗生物質に対して耐性を獲得した変異株が薬剤耐性突然変異株である．栄養要求突然変異と薬剤耐性突然変異は微生物のほかの生理学的性質に影響を及ぼさないことが多い．特定の目的により取得した菌株をほかの菌株と区別できるようにするために，こうし

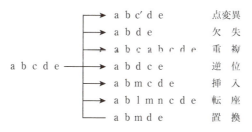

図 6.2　遺伝子突然変異における DNA 塩基の変化

た変異を供試微生物に付与することもよく行われる．このとき付与された変異を**遺伝子マーカー**（genetic marker）ともいう．

　一方，DNAポリメラーゼなどのように細胞の生育に必須な役割を果たしているタンパク質をコードする遺伝子（**必須遺伝子**，essential gene）の働きが完全に失われるような変異が起こると，細胞が死に至る場合もある（**致死突然変異**，lethal mutation）．必須遺伝子の変異株は，ある特定の条件のときだけ変異遺伝子が発現して細胞が死ぬという**条件致死突然変異**（conditional lethal mutation）**株**として選択しなければならない．一般的な条件致死突然変異は**温度感受性突然変異**（temperature-sensitive mutation）で，変異が発現しない温度（許容温度）で生育させた細胞を，変異が発現する温度（制限温度）に移すと該当するタンパク質だけが失活する．制限温度は生育上限温度より2～3℃低い場合が多く，大腸菌（生育至適温度37℃）では許容温度30℃・制限温度42℃，酵母（生育至適温度30℃）では許容温度25℃・制限温度37℃に設定されることが多い．逆に，低い温度のときに変異が発現する低温感受性突然変異株も取得されている．条件致死突然変異としてはほかに高圧感受性・高磁場感受性などが理論的には考えられるが，実際には取得されていない．

　突然変異により形質が変化し，次に起こった突然変異により野生型の形質が復活することを**復帰突然変異**（revertant mutation）という．突然変異によって変化を受けたDNAの塩基配列が完全にもとの状態に戻ったものが真の復帰突然変異であるが，もとの突然変異の近傍に第2の変異が起こることにより，DNAの塩基配列はもと異なるものの，表現される形質としては野生型に戻ることもある．このように突然変異による形質が別の場所の変異により復帰するものを特に**サプレッサー**（抑圧）**突然変異**（suppressor mutation）という．単独で働くタンパク質（アミノ酸・核酸合成系酵素の大部分があてはまる）をコードする遺伝子の変異では，もとの変異の型により復帰突然変異の出現率が左右され，点変異からは起こりやすく，欠失変異からは決して起こらない．一方，多数のタンパク質が関与する複雑な制御システム（細胞分裂・情報伝達系など）に関与する遺伝子の変異株からは，1カ所が変異してもほかの部分を変化させることにより全体の機能が復活することがあるため，さまざまなサプレッサー突然変異が生じる．そのほかに特異な例として，遺伝子の読み枠の中に終止コドン（ナンセンスコドン）が発生してしまったためにタンパク質合成が中途で切れてしまう変異（ナンセンス突然変

異)を抑圧する**ナンセンスサプレッサー突然変異**(nonsense suppressor mutation)が有名である.

突然変異体の中には，突然変異を起こした遺伝子にコードされるタンパク質の活性が完全に失われていないためにもとの機能がある程度保持されているものがある(**リーキー突然変異**, leaky mutation).栄養要求突然変異株のリーキー突然変異体は，最少培地上でもゆっくりとではあるが生育できる場合がある.温度感受性突然変異株などの条件突然変異株では特にリーキー性に留意が必要で，あまりにもリーキー性が強いと遺伝子産物の機能があいまいになって解析が困難になるので，できるだけ変異形質の発現が厳密な(stringent)変異株を用いるのが望ましい.また，温度感受性突然変異株では許容温度でも多かれ少なかれ変異形質が発現しているのが普通なので，この点にも注意が必要である.

6.3 ■ 変異原処理

大腸菌細胞1個の染色体DNAは約464万塩基対，酵母細胞では約1,250万塩基対もあるから，DNAの複製過程で間違いが起こることはよくある.こうした通常の培養中に起こる突然変異が**自然突然変異**(spontaneous mutation)である.自然突然変異の起こる頻度は非常に低いので，自然突然変異体の取得は検索手段の効率や偶然性に大きく左右される.これに対し，人為的にDNAに化学変化を起こさせる紫外線や化学物質など(**変異原**, mutagen)を用い，突然変異の頻度を高める操作を**変異原処理**という.よく行われる変異原処理について説明する.

6.3.1 ■ 紫外線

紫外線(UV)は変異誘発能が高く，取り扱いがX線などの放射線に比べると簡便で安全なのでよく用いられる.対数増殖期(7.2節参照)の菌体培養液を広く浅い容器に入れ，50cmくらいの高さから，市販の紫外線殺菌灯を数十秒から数分間照射する.紫外線により，DNA鎖上で2個並んだチミン残基が架橋して**チミン二量体**(チミンダイマー, thymine dimer)を形成する反応がよく起こる(図6.3).照射終了後，培養液を適当に希釈してプレートに塗布し，数日間培養してコロニーを形成させ，目的の変異株を選択する.紫外線に対する耐性は微生物の種類により大きく異なるので，照射する紫外線の強度と時間は最適な条件を

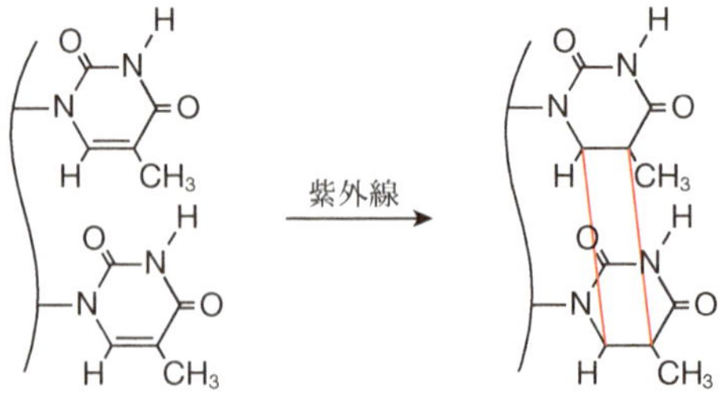

図 6.3　チミン二量体の生成

検討する必要がある．紫外線照射の場合，菌体培養液を光にさらしておくと紫外線に対する抵抗性が大幅に強まる光回復反応が多くの微生物に認められるので，薄暗い部屋で行うなどの工夫が必要である．また，紫外線を目や皮膚に浴びるのは非常に危険なので，防護メガネや長袖実験衣の着用など実験には細心の注意が必要である．

6.3.2 ■ 化学物質

突然変異を誘発する化学物質としてもっとも多用されるのは，N-メチル-N'-ニトロ-N-ニトロソグアニジン（NTG または MNNG）である．変異誘発作用がきわめて強く，点変異・欠失などのさまざまなパターンの突然変異が得られるという特徴がある．突然変異体の取得には，対数増殖期に生育させた菌を遠心分離により集菌し，Tris-マレイン酸緩衝液（pH 6）に懸濁して，50〜200 µg/mL の NTG を添加し 10〜90 分静置する．菌体を数回洗浄して NTG を除き，新鮮な培地に懸濁させ数時間培養して，DNA の損傷が修復されたときに変化した塩基が，分裂にともなって次世代に伝わり新たな分裂増殖が始まるのを待つ．二本鎖 DNA の一方の鎖に変化が生じたものが遺伝的に安定な状態に達するには数世代経過する必要があり，また DNA が変異する前に合成された正常なタンパク質が希釈されるのにも数回の分裂が必要なので，一般に変異原処理してから変異株の形質が発現するまでには数世代の時間経過が必要である．

　菌体の懸濁液は適当に希釈してプレートに塗布して培養し，生育してきたコロニーから目的の変異株を選択することになる．NTG による変異原処理の最適条

表 6.1　各種突然変異誘発剤

分類	名称	構造
アルキル化剤[1]	N-メチル-N'-ニトロ-N-ニトロソグアニジン（NTG）	O=N−N(CH₃)−C(=NH)−NH−NO₂
	エチルメタンスルホン酸（EMS）	H₃C−S(=O)₂−O−CH₂−CH₃
非アルキル化剤	亜硝酸	O=N−O−H
	ヒドロキシルアミン	H₂N−O−H
DNA 塩基の構造類似体[2]	2-アミノプリン	（構造式）
DNA 挿入剤[3]	臭化エチジウム	（構造式）Br⁻

1) DNA 塩基をアルキル化することにより，塩基間の正常な対合を妨げる．
2) DNA 塩基の構造類似体（アナログ，analogue）は通常の塩基の代わりに DNA 中に取り込まれ，塩基対形式ミスを誘発する．
3) DNA の塩基間に挿入（インターカレート，intercalate）して，正常な塩基対形成を阻害する．

件は，微生物の種類および目的の変異により異なるので，そのつど検討する必要があるが，この際目安となるのが，変異原処理後に残存する生存菌体の割合である．通常は生存率 10〜50％ となるように変異原処理の条件を設定するが，この条件でも 2 つ以上の変異が起こっている場合が多いので，後の解析に注意が必要である．NTG 以外の突然変異誘発剤としては，エチルメタンスルホン酸（EMS），

第6章　突然変異株の取得

| A004 BUF　EtBr Solution | 株式会社ニッポンジーン | 1/4 |

安全データシート

作成　1995年11月21日
改訂　2018年06月29日

1. 製品及び会社情報

製品名　　　　： EtBr Solution
製品コード　　： 315-90051

会社名　　　　： 株式会社ニッポンジーン
住所　　　　　： 富山県富山市問屋町 2-7-18
電話番号　　　： 076-451-6548
FAX番号　　　 ： 076-451-6547

2. 危険有害性の要約

EtBr Solution (臭化エチジウム) について記載

GHS 分類　　　　　：急性毒性　吸入（蒸気）　　：区分 2
　　　　　　　　　　生殖細胞変異原性　　　　　：区分 2

GHS ラベル要素
注意喚起語　　　　　　　危険

危険有害性情報　：H330　吸入すると生命の危険
　　　　　　　　　H341　遺伝性疾患のおそれの疑い
注意書き 【安全対策】 P201　使用前に取扱説明書を入手すること。
　　　　　　　　　P202　すべての安全注意を読み理解するまで取り扱わないこと。
　　　　　　　　　P260　蒸気を吸入しないこと。
　　　　　　　　　P271　屋外または換気の良い場所でのみ使用すること。
　　　　　　　　　P281　指定された個人用保護具を使用すること。
　　　　　　　　　P284　呼吸用保護具を着用すること
　　　　【応急措置】P310　吸入した場合：直ちに医師の診断、手当てを受けること。
　　　　　　　　　P304+P340　吸入した場合：空気の新鮮な場所に移動し、呼吸しやすい姿勢で休息させること。
　　　　　　　　　P308+P313　ばく露又は、ばく露の懸念がある場合：医師の診断、手当てを受けること。
　　　　【保管】　　P403+P233　換気の良い所で保管すること。容器を密封しておくこと。
　　　　　　　　　P405　施錠して保管すること。
　　　　【廃棄】　　P501　内容物や容器を、都道府県知事の許可を受けた専門の廃棄物処理業者に業務委託すること。

上記で記載がない危険有害性は分類対象外又は分類できない。

図 6.4　臭化エチジウムの安全データシート
　　　［株式会社ニッポンジーンのホームページ(https://www.nippongene.com/siyaku/product/electrophoresis/sds/sds_etbr-solution.pdf)より一部を抜粋］

亜硝酸，ヒドロキシルアミン，2-アミノプリン，臭化エチジウムなどが用いられている (表 6.1)．変異原処理に用いられる薬剤は，例えば DNA の塩基間に挿入 (**インターカレート**, intercalate) して正常な塩基対形成を阻害するなど，DNA に直接作用するものであるから，当然どれも強力な発がん性物質である．したがって，取り扱いにあたっては接触・吸引に十分注意するのはもちろんのこと，使用済みの溶液や器具には無毒化処理を行って環境を汚染することのないように

留意しなければならない．また，突然変異誘発剤に限らず，化学薬品の使用に際しては，あらかじめ各試薬メーカーの Web サイトより**安全データシート**(safety data sheet, **SDS**；ドデシル硫酸ナトリウム(SDS)との区別が必要)を入手し，その性状や取り扱いに関する注意事項を把握しておくことが重要である(図 6.4)．

6.3.3 ■ 生物的突然変異誘発法

Mu-1 ファージは大腸菌に感染し，宿主染色体に自身の DNA を組み込む働きをもつウイルスである．ファージの DNA が挿入された遺伝子は機能を失うので，これを利用して大腸菌の突然変異体を得ることができる．また，トランスポゾン(transposon)とよばれる転移性遺伝因子(動く遺伝子ともいう)を利用して，偶発的に染色体 DNA の中で転移反応を起こさせることによりランダムに遺伝子を破壊・置換して突然変異体を得ることもよく行われる．

6.4 ■ スクリーニング

抗生物質耐性などの突然変異株を見つけるのは簡単である．野生株が生育できない濃度の抗生物質を含む培地上で，形成されたコロニーを選べばよい．このとき，抗生物質に対して適応した菌体とたまたま生育した菌体とを区別するため，抗生物質を含まない培地で一度培養して，再び抗生物質耐性試験を行う必要がある．

一方，栄養要求突然変異株・温度感受性突然変異株・抗生物質超感受性突然変異株など，ある条件で生育しない突然変異株を検索するためには，まずすべての細胞が生育できる条件でコロニーを形成させる．次にコロニーを 1 つ 1 つ滅菌した爪楊枝・竹串で突き，突然変異株が生育できない培地(**検定培地**)と生育できる培地(**マスタープレート**，master plate)に植菌し培養する．検定培地で生育しない候補株が出現したら，マスタープレートの対応するコロニーから単コロニー分離を行い，再び検定培地を用いて安定した突然変異株を選択する．もとのプレートからコロニーを突くときには，隣のコロニーと十分離れているコロニーを選ぶことと，できるだけ多様な大きさと形態のコロニーをもれなく検索することが重要である．

数多くのコロニーを効率よく検索するためには，**レプリカ法**(replica method)

という手法がよく用いられる．滅菌したビロードの布を，シャーレにちょうど入る大きさの円形のレプリカ台（大型のゴム栓などが用いられる）に固定し，これに多数のコロニーの生育したプレートを押しつける．ビロードの布の表面には細かい毛が立っていて，何百万本もの竹串で突いたのと同じ状況になり，コロニーの分布がビロード布に写しとられる．新しい培地をこのビロード布に押しつけると，コロニーがそのまま新しい培地に「転写」（単にコロニーを写し取ることを指す；遺伝子の転写（transcription）とは異なる）される．このとき重要なのは，新しい培地は十分に乾燥したものを用いることと，培地にビロード布を押しつけるときの力かげんである．条件がよければ，1枚のビロード布から10枚くらいの培地にコロニーの「コピー」をとることができる（図6.5）．これらをそれぞれの条件で培養して，目的の条件で生育しない突然変異株を選択する．最後に押しつける培地は必ずすべてのコロニーが生育できるマスタープレートとすることも，のちの比較のために重要である．分離した突然変異株について，自然に野生型の形質に戻る復帰突然変異株が出現する頻度を計測しておくことも重要である．復帰突然変異率が10^{-8}以下ならばだいたい安心して解析に用いることができるが，10^{-8}より大きくなると，相補性を指標に遺伝子をクローニングするときなどに支障が生じる．また，復帰突然変異率が10^{-6}以上となると，増殖中に次々に野生型細胞が出現することになるので，生化学的な解析を行う際に混在する野生型細胞の影響が無視できなくなるうえ，変異株の維持・保存にも注意が必要となる（普通は変異細胞のほうが死滅しやすいため，やがて野生型細胞に置き変わってしまう）．

6.5 ■ 突然変異体の濃縮

　有効な変異原処理が行われたとしても，特定の遺伝子に変異が起こる頻度は10^{-6}程度であり，検出可能な形質の変化が現れる確率はもっと低くなる．また，栄養要求突然変異株のように，対象となる遺伝子の機能が完全に失われてよいものに比較して，必須遺伝子の温度感受性突然変異株のような条件致死突然変異体は，許容温度では野生型に近い活性をもち，制限温度に移したとき都合よく対象となるタンパク質の機能が失われなければならないため，変異の起こり方にも強い制限がある．そのため特定の遺伝子の温度感受性突然変異株を取得するのは非

6.5 突然変異体の濃縮

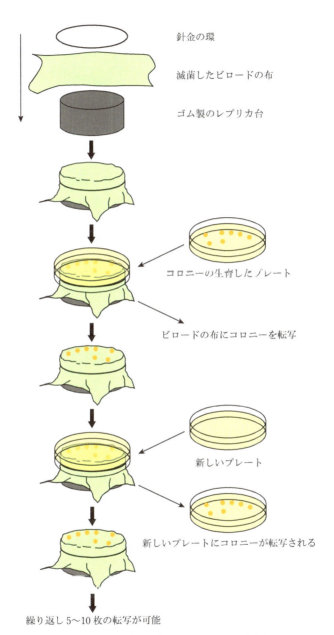

図 6.5　レプリカ法によるコロニーの転写

常に困難で，万能の選択手段はない．しかし，必須遺伝子は細胞の代謝・生理機構の中で必ず重要な役割を果たしているため，よい温度感受性突然変異株が取得されることが研究の発端となり，機構解明の決め手となることも多い．

膨大な突然変異株候補の中から，目的とする突然変異株をレプリカ法などによって取得するには，通常大変な労力をともなう．そこで，突然変異細胞だけを圧倒的多数の野生型細胞の中から濃縮する方法がいくつか工夫されている．

6.5.1 ■ ペニシリンスクリーニング法

突然変異株の濃縮の基本は，ある条件で生育できずに休止している細胞だけを残し，生育できる細胞を殺してしまうことである．**ペニシリンスクリーニング法**(penicillin screening method)はもっとも古くから用いられている突然変異株濃縮法である．大腸菌の栄養要求突然変異株を濃縮する方法を例にとると，変異原処理・固定化培養の終わった菌体をアミノ酸や核酸を含まない最少培地に懸濁し，1 mg/mLのペニシリンを加えて37℃で2〜3時間培養する．ペニシリンは細胞壁の新規形成を阻害するため，休止している細胞には作用しないが，分裂・増殖する細胞は細胞壁が崩壊して溶菌する．そのため，最少培地で生育できる野生型細胞は溶菌して死滅し，栄養素不足のために休止していた変異細胞だけが生き残ることになる．遠心分離，洗浄によりペニシリンを除き，希釈して完全培地に塗布し培養して，形成されたコロニーから目的の栄養要求突然変異株を選択する．この操作により，栄養要求突然変異株の割合を100〜1,000倍に濃縮することができる．大腸菌以外の細菌にもこの方法は応用できるが，ペニシリンの効果は細菌の種類によって大きく異なるため，そのつど条件を検討しなければならない．

酵母やカビのような真核生物にはペプチドグリカンがないためペニシリンは効果がないが，ナイスタチンという細胞質膜に障害を与える抗生物質の効果が，休止細胞よりも生育細胞のほうが大きいため，同様の突然変異体濃縮に用いることができる．

6.5.2 ■ トリチウム自殺法

トリチウム(^{3}H, tritium)はβ線を放出する水素の放射性同位体(ラジオアイソトープ，RI)であるが，β線のエネルギーは非常に弱く飛距離も短いため，β線による障害はトリチウムが取り込まれた細胞だけに限定される．これを利用した

突然変異体濃縮法が**トリチウム自殺法**(tritium suicide method)であり，主に温度感受性のDNA複製系の突然変異体の取得に用いられている．変異原処理・固定化培養後の菌体を，培地にトリチウムを含むチミジンやウラシルを加えて制限温度で培養する．正常細胞はこの培養中にトリチウムを細胞内に取り込んで核酸合成を行うが，温度感受性のある突然変異細胞は制限温度では核酸を合成できないため，トリチウムを取り込むことはない．洗浄後細胞を凍結し，$-80°C$で数週間保存して，トリチウムの崩壊にともなうβ線によりチミジンやウラシルを取り込んだ細胞のDNAが損傷するのを待つ．最終的に制限温度での培養中にトリチウムを取り込まなかった突然変異細胞だけが生き残ることになる．この実験は専用のラジオアイソトープ使用施設で行わなければならないので，健康診断や放射線の取り扱いに関する教育訓練の受講が必要となる．

6.5.3 ■ 比重濃縮法

酵母におけるタンパク質の分泌変異細胞の濃縮に用いられる方法である．細胞内でのタンパク質の合成は正常に行われているが，細胞外へタンパク質を分泌する機構に突然変異が起こった細胞(分泌突然変異細胞)は，細胞内にタンパク質が異常に蓄積するため比重が増加する．これを利用して，変異原処理・固定化培養後の菌体を制限温度で数時間培養した後，正常な酵母細胞よりやや比重の大きなパーコール(percoll)液とよばれるケイ酸コロイド溶液に重層して遠心分離を行う．野生型細胞はパーコール層中にはほとんど沈降しないが，比重がパーコール液以上に増加した細胞は沈降する．沈降した細胞には高頻度に分泌突然変異株が含まれている．

必須遺伝子の温度感受性突然変異細胞の濃縮を試みる際，制限温度での培養による障害が可逆的であり，許容温度に戻したときに回復可能であることが前提となる．制限温度での培養により速やかに細胞が死滅してしまうような突然変異体はとれないわけで，むしろリーキー突然変異をもつ株が選択されやすくなることに留意しなければならない．

参 考 書

・日本生化学会 編,新生化学実験講座 17 微生物実験法,東京化学同人(1992)
　→ 古い専門書ではあるが,16 章に突然変異について実験例を交えて詳しく解説している.
・日本生物工学会 編,生物工学実験書 改訂版,培風館(2002)
　→ 生物工学を学ぶ学生向けに書かれた専門書であるが,微生物学実験の章で突然変異について取り上げている.
・横田 篤,大西康夫,小川 順 編,応用微生物学 第 3 版,文永堂出版(2016)
　→ 微生物の育種という観点から突然変異と変異株についても取り上げている.

第7章 微生物の増殖

　いかなる目的で微生物を扱う場合においても，最初に行わなければならないことは，対象とする微生物の培養である．研究の目的によって，必要となる微生物の菌体量あるいは培養液量，その培養条件は異なる．目的に沿った培養条件を設定するためにも，その条件下における微生物の増殖過程を把握しておく必要がある．

7.1 ■ 微生物増殖の理論式

　微生物の種類によって，その増殖様式はさまざまであり，そのすべてに対して一般化した考察をすることは困難である．微生物の増殖様式の中でもっとも単純で，しかも理論化が容易なのは，適切な培地に適応して正常に生育している単細胞微生物による二分裂増殖（いわゆる「バランスのとれた生育」）である．多くの細菌や酵母などの真核微生物は，この増殖様式をとる．これらの微生物の個々の細胞では，細胞（親細胞）が伸長した後に分裂することによって，2個の娘細胞となる．通常の培養系における細胞集団は，伸長中の細胞，分裂中の細胞，分裂直後の細胞などさまざまな時期の細胞を含んでいる．このため，巨視的には，任意の時間において増殖し続ける細胞集団としてふるまう．このような培養系では，微生物数の増加率は，生育している微生物の数に比例する．つまり，正常に生育している微生物集団における微生物の増殖に対する理論的な考察は，自己触媒による一次化学反応に近似した反応とみなすことができる．

　ここで，1 mLあたりの微生物の数をN，時間をtと定義する．また，増殖を単純な化学反応とみた場合の一次反応の速度定数をμと定義する．このとき，化学反応速度論によって，一次反応の速度（微生物の増加速度）は，

$$\frac{dN}{dt} = \mu N \tag{7.1}$$

として，数学的に一般化された簡単な式で表現することができる．正常な生育を

している時期には，微生物数だけではなく細胞構成成分も同様に増加している．したがって，式(7.1)において，微生物数の代わりに何らかの構成成分(DNA，RNA，タンパク質など)の濃度を N として用いることもできる．また，ある時刻 t_0 における微生物数を N_0 とする．これらの値を初期値として用いると，式(7.1)は，

$$\ln N - \ln N_0 = \mu(t - t_0) \tag{7.2}$$

と積分される．さらに，常用対数を用いて，式(7.2)の自然対数を書き換えれば，

$$2.303(\log N - \log N_0) = \mu(t - t_0) \tag{7.3}$$

となる．したがって，速度定数 μ は式(7.3)より

$$\mu = \frac{2.303(\log N - \log N_0)}{t - t_0} \tag{7.4}$$

と求められる．このようにして算出された速度定数 μ は，増殖速度定数とよばれる．増殖速度定数は，ある培養系における微生物の増殖速度を表すことができる．ここで，底を $e(\fallingdotseq 2.718)$ とする対数を自然対数といい，$\ln$ で表す．e^x を微分したとき，同じ形になるため数学の世界でよく用いられる．一方，実用的には底を 10 とする常用対数 $\log$ がよく用いられる．両者は $2.303 \ln x = \log x$ により換算できる．

増殖速度を表すパラメーターはこのほかにもある．このうち，よく使われるものは**世代時間**(generation time)あるいは**平均倍加時間**(doubling time)である．世代時間 g は，微生物数が 2 倍になるのに必要な時間として定義される．すなわち，時間 g 経過した後に微生物数が 2 倍になることを意味する．したがって，ある時刻 t_0 において微生物数が N_0 であった場合，時刻 $t = t_0 + g$ において微生物数は $2N_0$ に増加することになる．式(7.4)にこれらの値を代入すると，

$$\mu = \frac{2.303(\log 2N_0 - \log N_0)}{(t_0 + g) - t_0} = \frac{2.303 \log 2}{g} = \frac{0.693}{g} \tag{7.5}$$

となる．式(7.5)は，増殖速度定数 μ と世代時間 g との関係を表す．これらの 2 つのパラメーターは，微生物がある培地で増殖する際の特性を表すためによく用いられ，微生物の種類と培養条件によって異なってくる．例えば，37℃で大腸菌を栄養豊富な天然培地で培養した場合の世代時間は 20～30 分であるが，合成

表 7.1　各種微生物の世代時間

微生物	世代時間
腸炎ビブリオ菌	10 〜 15 分
大腸菌	20 〜 30 分
ブドウ球菌	60 〜 80 分
パン酵母	90 〜 120 分
結核菌	14 〜 16 時間
メタン菌	数日〜数ヶ月
盛んに増殖するヒト細胞	1 日

培地では 50 〜 60 分程度となる.

世代時間は微生物によって大きく異なり(表 7.1),培養条件にも大きく左右される.一般に,腸内細菌など多くの微生物が密集して生育する環境では世代時間の短い微生物が多い.

式(7.3)と(7.5)を変形することにより,以下の式が得られる.

$$\log N - \log N_0 = \frac{\mu(t-t_0)}{2.303} \tag{7.6}$$

$$\log N = \frac{\mu(t-t_0)}{2.303} + \log N_0 = \frac{0.301(t-t_0)}{g} + \log N_0 \tag{7.7}$$

$$\log \frac{N}{N_0} = \frac{\mu(t-t_0)}{2.303} \tag{7.8}$$

$$N = 10^{\mu(t-t_0)/2.303} N_0 = 10^{0.301(t-t_0)/g} N_0 \tag{7.9}$$

これらの式のうち,式(7.7)と(7.9)によって,バランスのとれた生育をしている微生物の増殖の理論的な様子を表すことができる(図 7.1).

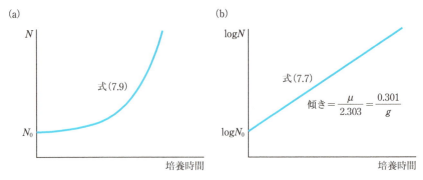

図 7.1 微生物の理論的な増殖経過
生菌数を N とする．

7.2 ■ バッチ培養における微生物の増殖曲線

大腸菌などの微生物を一定容積の培地に接種して培養（**バッチ培養**，batch culture）した場合，細胞数は図 7.2 に示すような変化をするのが一般的である．このとき，図 7.1 から明らかなように，培養時間に対して菌数の対数をプロットすると数学的解析が容易である．このため，増殖過程を示すためには，片対数のグラフが用いられる．

7.2.1 ■ 誘導期

保存していた微生物を新鮮な培地に接種した直後には，微生物数の増加が起こらないか，または増殖速度がきわめて遅い時期がある．増殖を停止していた微生物が，新たな培地で生育するために適応する時期と考えられる．しかしながら，細胞数の増加はほとんどないが，細胞内での代謝は活発であり，培地からの栄養物質を取り込んで増殖に必要な酵素などを合成している．この時期は，**誘導期**（lag phase）あるいは**遅滞期**などとよばれている．誘導期の時間は，培養する微生物の種類，培地条件，接種された微生物の状態などによってさまざまに変化する．前培養（7.3.1 項参照）を長時間行った場合や，栄養に富む培地から貧弱な培地に移した場合，あるいは生育に不適切な温度に移した場合などには誘導期が長くなる．誘導期が過度に長くならないように，実験条件を設定することが実験時

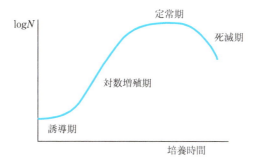

図 7.2　バッチ培養における微生物の増殖曲線

間の節約になる．*Bacillus* 属細菌を培養する際には，前培養の間に栄養源の枯渇が起こり，胞子形成が開始されないように注意すべきである．胞子形成が開始されると誘導期がきわめて長くなるからである．

7.2.2 ■ 対数増殖期

対数増殖期（logarithmic phase）とは，培地に適応してバランスのとれた生育をしている時期である．したがって，微生物の種類や培養条件によってその増殖速度は異なる．この時期の細胞数の増加には，前節で述べた理論的な考察が適用できる．式（7.9）（あるいは図 7.1(a)）から明らかなように，細胞数は指数関数的に増加する．培養時間に対して細胞数の対数をプロットすれば，式（7.7）（あるいは図 7.1(b)）にみられるように直線となる．このような特徴のために，この時期は**指数増殖期**（exponetinal phase）などともよばれ，微生物はもっとも速い速度で増殖している．対数増殖期では細胞の代謝は一定であり，一定の分裂時間で細胞分裂を繰り返している．

7.2.3 ■ 定常期

通常のバッチ培養では，対数増殖期は長く続かない．対数増殖期に盛んに増殖した微生物によって，培地中の栄養源の消費（枯渇），培地中への毒性代謝産物の蓄積，酸素供給不足などが起こる．やがて，細胞成分の合成バランスが崩れ，旺盛な生育が低下し，**定常期**（stationary phase）とよばれる時期を迎える．定常期は細胞分裂によって新しい細胞が生成すると同時に同数の細胞が死滅する時期で

ある．そのため，細胞数がほぼ一定となり，**静止期**ともよばれる．この時期の微生物は，一般に増殖期の微生物よりも小さく，有毒な物理的因子に対して耐性が高くなる．大腸菌などでは，定常期が比較的長い．*Bacillus* 属細菌では，この時期の終わり頃から胞子を形成し始め，死滅期（7.2.4 項参照）ではほとんどの細胞が胞子を形成するようになる．

7.2.4 ■ 死滅期

増殖が不可能となった培地で，微生物はやがて細胞内のエネルギー貯蔵物質を消費するために死滅する．この時期は**死滅期**（death phase）とよばれる．微生物の死滅も指数関数的であるために，生存菌体数の対数を培養時間に対してプロットすると直線となる．*Bacillus* 属細菌では，胞子を形成しなかった細胞は急速に死滅する．一方，細胞内に形成された胞子は，やがて細胞から遊離する．胞子は，増殖に適した培地へ再び移されるまで休眠状態となって生存する．

7.3 ■ 微生物の培養方法

一般的な好気性あるいは通性嫌気性の微生物の培養法について以下に述べる．これらの微生物を培養するのに適した培地の組成および調製方法については，第 2 章を参照してほしい．また，寒天を用いて固化した培地上で培養する方法については，第 3 章に記述されている．ここでは，液体培地を用いた培養方法を述べる．

7.3.1 ■ 前培養

斜面培地上などに生育した状態や凍結した状態で保存されている菌体では，個々の細胞の生育能力などが必ずしも均一ではなく，死滅期にある割合もかなり高い．*Bacillus* 属細菌では胞子を形成しているものも含まれる．このような菌体を新鮮な培養液に接種すると，誘導期が長くなる．また，培養のたびに誘導期も一定ではない．このため，微生物が対数増殖期に入るまでの時間を推測することが難しく，結果として効率的に実験を進めることが難しくなる．さらに，対数増殖期の初期には増殖能の低い細胞の割合が高くなるため，誘導期から対数増殖期への移行時期が不明瞭となる．

このような実験上の困難や培養経過のばらつきを防ぐために，保存菌体からま

ず小規模の培養を前もって行う．これを**前培養**(preculture)とよぶ．このような目的で行う培養であるから，本培養(後述)に移した際に増殖能の高い微生物集団が得られるように培養を行う必要がある．死滅期に至ったり，*Bacillus* 属細菌においては胞子形成を開始したりするような長時間の前培養は避けなければならない．前培養に用いる培養液の組成や培養温度は，本培養と同じにするのが一般的である．これによって，本培養を開始した際には新たな培地や培養条件に適応するために必要な時間が短くなるのである．

通常は，夕刻に前培養を開始して一晩程度振とう培養し，翌朝本培養に移せるようにすると実験時間の節約になる．大腸菌や出芽酵母では定常期において細胞が比較的安定であるために，前培養時間の差はそれほど重要ではない．しかしながら，上述したように，*Bacillus* 属細菌は定常期になると胞子形成を開始する．そのため，前培養で接種する菌休量と前培養時間などを一定に保たないと，本培養開始時の菌体数が大きく異なることになる．その結果，実験のたびに本培養の誘導期の時間が変化することになり，効率的な実験ができなくなる．このような無駄な時間を省くためには，実験に用いる微生物の使用培地での増殖速度，世代時間や定常期の時間などを把握していなければならない．これらの情報があれば，前培養に必要な時間を設定しやすく，再現性の高い培養を行うことができる．

7.3.2 ■ 本培養

目的とするデータを取得するための実験に必要な規模で微生物を培養することを**本培養**という．一般に，大型培養槽に添加される種菌には，対数増殖期の細胞が用いられる．対数増殖期の細胞を種菌として添加すると，大型培養槽では誘導期なしで細胞が増殖を開始するため，微生物の培養を最短時間で終わらせることができる．本培養の準備には，かなりの手間と経費がかかるのが普通である．これらの準備を無駄にしないように，本培養を開始する前に前培養した微生物が正常に生育したことを確認することが重要である．

確認すべきことは次の2点である．まず，前培養液の濁度(後述)である．濁度は濁度計によって測定してもよいが，慣れれば肉眼による判断も可能となる．肉眼による観察では，培養液の色調や濁り具合などから，培養液中の細胞の生育状況をある程度判断することができるようになる．次に確認することは，雑菌による汚染(いわゆるコンタミ，3.1節参照)の有無である．白金耳などを用いて前培

養液の一部を採取し，これを光学顕微鏡によって観察して細胞形態などに異常がないことを確認する．しかし，この方法では運動性や形態に大きな差異のある雑菌による汚染しか検出できない．そこで，白金耳で採取した前培養液の一部を用いて，適切な寒天培地（プレート）で単コロニー分離を行い（3.6節参照），生育してきたコロニーの形状や色調などが均一であり，異常がないことを確認する．コロニーとして生育してくるのは翌朝以降であるため，雑菌による汚染がなかったことを確認できるのは多くの場合，実験が終了した後である．しかし，本培養から得られた各種の測定値などの実験データに対する信頼性を確認することができる．無菌操作に不慣れなうちは，注意しているつもりでも汚染を起こしやすい．実験から得られたデータに自信をもつためにも，雑菌による汚染がなかったことは確認しておくべきであろう．また，不安定な変異株を培養している場合にも，変異株の形質を識別する選択培地を用いることにより前培養の間に出現した自然復帰突然変異株（6.2節参照）の割合を評価することができる．なお，培養液の臭気は菌株と使用培地に特有のものであるため，異常な臭気を感じるときには，雑菌による汚染が起きていることが多い．

　これらの確認を終えた後に，あらかじめ滅菌しておいた本培養用の培養液に前培養液を接種する．接種操作中に起こる雑菌の汚染を避けるために，滅菌処理を施したピペットなどを用いて，手際よく行わなければならない．前培養液の接種量は，一般的に本培養に用いる培養液の容積の0.5〜3%程度を目安とし，実験目的によって適当に調節する．なお，本培養の規模は実験目的によって決める．増殖過程を調べるだけならば，ほとんどの場合，10 mL程度の培養規模で十分である．増殖過程とともに酵素活性の変化などを経時的に調べる場合には，培養液からサンプリングする回数が多くなる．このため，10〜100 mL程度の培養規模が必要となる．したがって，サンプリングする培養液の量と回数などの実験計画を検討してから，本培養の規模を決定する．

　必要とする培養液量に応じて，使用すべき培養容器の種類や大きさが決まる（2.4節参照）．多くの微生物は，生育に酸素の供給を必須とするか，または酸素が存在するほうが生育が良好である．したがって，このような微生物を良好に培養するためには，培養液に十分な酸素を供給することが重要となる．もっとも簡単な供給方法は，培養液の上部に多量の空気層を残すことである．このため，培養液の容積は，使用する培養容器の10〜20%程度に留めるべきである．つまり，

必要な培養液量の5～10倍程度の容積をもつ容器を使用しなければならない．この培養容器を振とうして，酸素が培養液中に溶解しやすいようにするのである．容器には何らかの栓かふたをする．微生物の培養に用いるために理想的な栓は，培養中に雑菌の侵入は阻止する一方でガス交換能は高いものである．さらに欲をいうならば，水蒸気の透過速度が低いものがよい．これらの条件を満たすものとして，未脱脂綿を栓状に固めて自作する綿栓とよばれるものが昔から好んで使用されている．市販されているものとしては，シリコ栓，アルミニウムキャップなどがある（2.4 節参照）．またすでに滅菌済みのふた付きのプラスチック製カルチャーチューブもある．この場合，培養後に培養液を遠心管に移すことなく，そのまま遠心ローターにセットして集菌することが可能である．培養時にはふたをゆるめることで通気性を確保し，遠心時にはふたを閉めて密封する．これらは，雑菌汚染の防止能と通気性とに一長一短がある．そのため，対象とする微生物や実験により適したものを選ぶ必要があろう．

　本章の目的とは少しずれるが，菌体内あるいは菌体外に生産された酵素を精製する場合には，さらに大規模な培養をしなければならなくなる．この場合には，1 L 程度の培養液を入れた 5 L 容フラスコを数本用いて，必要な規模の培養を行う．大規模な培養を行う際に注意しなければならないのは，以下のような点である．

(1) オートクレーブ滅菌（2.5 節参照）の間には，培養液は完全に脱気され，培養容器内の空気層も水蒸気で交換される．
(2) 滅菌後にオートクレーブ内が常圧に戻るとき，容器の上部に空気が侵入してくる．
(3) 滅菌後に静置していた培養液の溶存酸素はきわめて低くなっている．
(4) 温度に関しては，滅菌後に放冷しておいた培養液は室温程度に冷却されているため，所定の温度に設定された空気浴内で多量の培養液が入った大型のフラスコを振とうしても，培養液温度はすぐには上昇しない．

これらのことに何ら対策を講じないで本培養を開始すると，しばらくの間は微生物が低温・低酸素下で培養されることになる．このため，培養開始直後の生育が低下し，誘導期が長い培養になりやすい．

　このほかに，本培養ではジャーファーメンターとよばれる培養装置によって一度に 10 L 以上の培養を行うことも可能である（2.4 節参照）．ジャーファーメンターを用いる利点の 1 つは，通気量の制御などが容易となることである．

7.4 ■ 増殖過程の評価

　微生物の増殖は，個々の細胞の成長と細胞個体数の増加とが総合された現象である．微生物の増殖過程を検討するためには，微生物細胞を何らかの方法で定量しなければならない．正常に生育をしている場合には，式(7.1)の説明で述べたように，微生物細胞のすべての構成成分が菌体量に比例する．しかし，誘導期と定常期には，これは成立しない．そこで，増殖過程を定量的に評価するために，微生物細胞量を測定する方法と細胞数を測定する方法とが考案されている．

7.4.1 ■ 乾燥重量

　細胞重量の測定は，もっとも基本的な細胞量の測定方法であり，細胞の絶対量を直接推定できる．便宜的に湿重量を測定することもあるが，細胞の主成分は水であるために，微生物細胞量を正確に測定するには乾燥重量(dry weight)が用いられる．大腸菌や枯草菌(*Bacillus subtilis*)などの一般的な菌の乾燥重量は，細胞あたり 10^{-12} g である．一方，実験室で普通に使われている電子天秤などの感量は，0.01 または 0.1 mg である．したがって，$10^9 \sim 10^{10}$ という多量の細胞がないと信頼できる値が得られない．このため，重量は頻繁に測定されないが，細胞量を測定する他の方法が相対的な値を与えるものであることに対し，細胞量測定の絶対的な値として採用される．一方で，菌体の乾燥に数時間を要し，必要な菌体も多いため，培養状態をリアルタイムで観察する方法としては適切ではない．

　以下に測定方法を述べる．まず，培養液からの微生物細胞の回収は，遠心分離またはろ過によって行う．秤量すべき菌体試料が微量であるため，遠心分離の場合，回収に用いる遠心管は軽量のものを使用しなければならない．多量の培養液から細胞を回収するためには，ポリ塩化ビニル(塩ビ)製のメンブレンフィルター(membrane filter)などを用いてろ過する方法が簡便である．フィルター上に回収した細胞を手際よく純水ですすいで培地成分を洗い流す．洗浄が不十分であると，培地成分が残存して過大な菌体重量を与える．一方，長時間洗っていると細胞が溶菌し，細胞内成分が流出することとなる．洗浄後，フィルターとともに，恒量となるまで乾燥させる．なお，酢酸セルロースフィルターは吸湿しやすいため好ましくない．さまざまな乾燥条件が用いられているが，筆者らの研究室では

酸化を避けるために固体水酸化ナトリウム存在下で減圧し，40℃で乾燥している．乾燥後は乾燥剤(シリカゲル，五酸化リンなど)を入れたデシケーター中で冷まし，室温に戻してから秤量する．また，一部の微生物は，菌体の洗浄に純水を用いると菌体内外の浸透圧差によって破裂することがある．この場合には，洗浄に生理食塩水かペプトン水(1%)を用いる．また，培地に油などの疎水性基質などが含まれる場合は，酢酸エチルなどで油を抽出後，アルコールを加えて有機層を水層と混合し，遠心分離で細胞を回収する．

7.4.2 ■ 濁度

光は小粒子を含む懸濁液を通過する際に，小粒子または懸濁液の構成成分によって吸収または散乱され，残りの光が懸濁液を通過する(図7.3)．微生物の培養液でも，同じように光の吸収，散乱と透過が起こる．粒子成分および培地成分が吸収しにくい波長の光を用いれば，吸収現象は無視できる．通常の分光光度計(吸光光度計ともよばれる)では，光源-試料-検出器が一直線上に配置されており，懸濁液を試料とした場合には，光路の前方への散乱光と減衰した透過光との

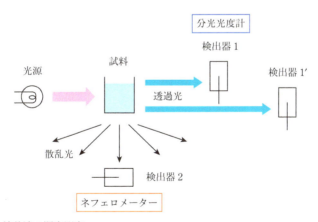

図 7.3 培養液の濁度測定
分光光度計では，光源-試料-検出器は直線上に配置されている．透過光は直進するため，検出器の位置(検出器1と1')で強度は等しくなる．濁った試料を用いると光散乱が起こる．この散乱は試料の位置からあらゆる方向へと起こる．そのため，検出器の位置によって散乱光強度が変わる．ネフェロメーターでは，検出器を光源-試料と直角の位置(検出器2)に置く．このため，透過光の影響を受けることなく散乱光の強度だけを測定することができる．

総和として透過率が計測される．この透過率 $T(\%)$ に対して，以下の式により吸光度 A が与えられる（透明な試料の場合の吸光度の定義とは異なっていることに注意する）．

$$A = \log(1/T) + 2 \tag{7.10}$$

ここで求められた吸光度は，懸濁液試料中の粒子濃度に比例するため，試料の濁り具合（**濁度**，turbidity）を表すことができる．

　細胞の懸濁液を試料とした場合には，光散乱の強さは，細胞濃度，細胞の大きさ，形，屈折率や用いる光の波長によって異なる．微生物種が一定であれば，対数増殖期には散乱光の強度は，$A < 0.6$ 程度の範囲では細胞濃度に比例するため，希薄な細胞懸濁液の濁度は，通常型の分光光度計を用いて測定することが可能であり，細胞濃度と吸光度との間に比例関係が成立する．簡便であって再現性が高い方法ではあるが，以下のことに注意しなければならない．

(1) 光路の前方へ直進する透過光は平行光束であるので，その強度は試料と検出器の距離によって影響を受けない．しかし，前方へ散乱された光は拡散性であるので，試料と検出器との距離によって検出器に届く散乱光の強度が異なる．このために，同一の試料であっても，異なる分光光度計では異なる吸光度を与える．したがって，同一の分光光度計を使用しなければ測定値に再現性がなくなる．また，試料を入れるセル（キュベット）や試験管の大きさでも吸光度が異なるのは，透明試料の場合と同じである．

(2) 測定波長が短いほうが濁度は大きな値となるが，培地成分や細胞成分によって吸収されない波長の光を使用するべきである．そのため，紫外光などを用いてはならない．通常，550〜660 nm の波長の可視光が用いられる．しかし，色素を生産している微生物の場合には，特定波長の可視光を吸収することがあるため注意が必要である．葉緑体を含む光合成微生物では，クロロフィルの吸収帯を避けるため，730 nm の波長が選択されることが多い．

(3) 細胞濃度と吸光度とが比例するのは，かなり狭い濃度範囲である．多くの分光光度計において，0.05〜0.6 程度の濁度を与えるような細胞濃度の範囲でのみ比例関係が成立する．1 mL あたりおよそ 10^7〜10^8 個の細胞が懸濁している試料を光路長 1 cm のセルを用いて測定した場合に，この程度

の吸光度となる．より高濃度の試料の濁度を測定するには，試料を希釈しなければならない．一方，吸光度が低い場合は，測定誤差が大きくなる．
(4) 濁度から推定される細胞濃度は相対的な値であるため，この方法で測定される値だけではあまり議論ができない．他の方法で求められる絶対的な値（乾燥重量や細胞数）と比較することによって意味をもつ．そのためには，濁度と乾燥重量などをそれぞれ測定し，検量線を作成しておくとよい．

通常の分光光度計とは異なり，光源-試料の光軸に対して，検出器を直角に配置した装置をネフェロメーターという（図7.3）．この装置では，透過光の影響を受けずに散乱光を測定することができる．非散乱光の残余光（光軸前方への散乱光と透過光の総和）を測定する分光光度計よりも，散乱光だけを測定するネフェロメーターは，高感度で濁度を測定することができる．

濁度測定は簡便・迅速で便利な方法であるが，微生物が界面活性物質を産生して培地が乳濁する場合や，カビのように菌体が凝集体をつくるような場合は適用できない．さらに酵母などはセルの中で速やかに沈降していくため素早く操作する必要があるなど，微生物種による配慮が必要である．

7.4.3 ■ 全細胞数

顕微鏡を使って，試料中の全細胞数を数える方法として，Thomaの血球計算盤のような計測器を用いる方法がある．Thomaの血球計算盤やPetroff-Hausserの計算盤では，厚めのスライドガラスの上面に，目盛り線の刻まれたくぼみが掘られており，このくぼみに試料を入れて細胞数を数える．くぼみの深さはThomaの血球計算盤では100 μm，Petroff-Hauserの計算盤では20 μmである．目盛り線の間隔は，いずれも50 μmである．微生物は微小であるために，高倍率の顕微鏡で観察しなければならない．高倍率顕微鏡を用いると被写界深度（4.3.1項参照）が浅くなるため，奥行きのある試料を観察するにはピントをずらしながら観察する．そのために，筆者らは微生物の細胞数を計測するためには，奥行きの浅い計測盤（深さ20 μm）を用いている．この場合，目盛り線で囲まれた区画の容積は，5×10^{-8} mLとなる．酵母などの真菌類は細胞が大きいため，深さ100 μmの計算盤が使用される．

試料は，1区間内の細胞数が10個程度となるように希釈する．区画間でのば

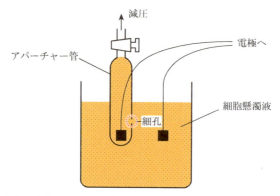

図 7.4 コールターカウンターの原理
アパーチャー管を細胞懸濁液に浸す．この管内には電極と細孔がある．アパーチャー管内を減圧すると，微生物細胞の懸濁液は細孔を通じて吸入される．このとき，電極管に流れる電流がパルス的に変化し，パルスの大きさから細胞の大きさが求められる．また，パルスの数から通過した細胞の数が計測でき，結果として細胞濃度が測定できる．

らつき誤差を避けるために，50 区画以上で細胞数を計測する．目盛り線上に存在する細胞については 2 辺分だけを数えて，重複を避ける．2 区間あたりに存在する微生物の平均数を求めて 10^7 倍すれば，1 mL あたりの細胞数が求められる．したがって，10^8/mL 程度の濃度の試料中の菌数を計測するのに適している．正確な細胞数を得るには，培養液中の微生物が均一に分散されていることが必要である．一方で，微生物の濃度が低い試料では誤差が大きくなる．また，この顕微鏡観察では，生菌と死菌を区別することができないため，死菌を含めた総菌数を計測してしまうことが欠点である．微生物が運動性を維持していて計測しにくい場合には，5％ホルマリン水溶液などで固定した後に計測する．

　コールターカウンター（coulter counter）とよばれる高価な機器が必要となるが，顕微鏡によらず総菌数を求める方法も知られている．その原理を以下に簡単に述べる（図 7.4）．微生物細胞を，生理食塩水などの電解質溶液に希釈して懸濁する．アパーチャー管とよばれる測定管をこの懸濁液に浸す．この管の内部には電極が 1 つあり，下部には小さな径の細孔（アパーチャー）の微小孔が空いている．管内を減圧すると，微生物細胞の懸濁液が微小孔に通じて管内に吸入される．管内と管外に存在する電極間の抵抗値は，微小孔に存在している電解質溶液の電気

伝導度によって決まる．微生物細胞の電気伝導度は低いため，細胞が吸入されて微小孔を通過するときに微小孔部の抵抗値が大きくなる．この結果，電極管に流れる電流がパルス的に変化する．パルスの大きさから細胞の大きさが求められ，パルスの数から通過した細胞の数が求められる．一定量の懸濁液を吸入することによって，通過した細胞数から細胞濃度が求められる．希釈に用いる電解質溶液は，微細なゴミが微生物として計測されてしまうのを防ぐために，あらかじめメンブレンフィルターでろ過しておく．

7.4.4 ■ 生菌数

微生物細胞を適切な寒天培地(プレート)上で長時間培養すると，やがて 1 つの細胞から 1 つのコロニーが形成される．形成されたコロニーの数ともとの細胞数は等しいため，コロニー数からプレート上に播かれた細胞数が明らかとなる．この方法で求められる値は，用いたプレート上でコロニーを形成することができる微生物の数である．コロニーを形成できない細胞の数は計測されない．このため，この方法は生きている微生物細胞の数(生菌数)を求める方法といえる．生菌数の単位は**コロニー形成単位**(colony forming unit，**CFU**)で表される．

微生物の生菌数を求めるためには，まず希薄な細胞懸濁液($10^4 \sim 10^5$/mL 程度)を用意しなければならない．一般に，培養液中の微生物濃度はかなり高く，$10^7 \sim 10^{10}$/mL である．したがって，生菌数を求めるためには，培養液を $10^3 \sim 10^6$ 倍に希釈する必要がある．このような高倍率の希釈を一度に行うことは困難であるため，10 倍または 100 倍の希釈を繰り返し行う(段階希釈)．希釈には，滅菌した後に氷冷した生理食塩水，緩衝液，緩衝化した食塩水，培地などが使われる．これらの中から，希釈中に被検菌が安定しているものを選択する．

一方，被検菌が良好に生育できる寒天培地 17～20 mL をシャーレ内で固化させる．一般には栄養分に富んでいる天然培地を用いて，すべての細胞が生育可能となるように作製する．何らかの選択的な培地を用いることによって，特定の能力を示す細胞だけを計測することも可能である．作製した直後のプレートは，培地の表面が湿っているため，試料を吸いこみにくい．そのため，使用する前に乾かしておかなければならない(2.3 節参照)．シャーレのふたを下にし，培地側を上として，一晩 37℃ に置いておく．ふたの内面には水滴が残るが，翌朝には培地の表面が十分に乾く．このようにして乾かしたプレートは，0.1 mL 程度の試

料を吸収できる．雑菌が培地表面に生育していることもあるため，汚染がないことを確認してから使用する．あるいは，クリーンベンチ内で紫外線を照射しながら送風すれば，30分程度で使用できるようになる．このような短時間の乾燥であれば，雑菌による汚染を心配せずに，ふたを開けて乾かすことができる．このようにして乾かしたプレート上に，希釈した試料を均一に塗布する．この際，ガラス棒で自作したスプレッダー(3.6節参照)を用いて，試料が完全に吸い込まれるまで塗布する．プレート表面に水分が残ったままにしておくと，その後増殖した微生物細胞がプレート表面を流れてしまう．その結果，コロニー数が正しく見積もれなくなってしまう．なお，スプレッダーは使用前にアルコールに浸して滅菌しておく．スプレッダーに残ったアルコールは，燃焼させてから使用する．

　続いて，試料を塗布したプレートを，被検菌の生育至適温度付近で培養する．大腸菌や枯草菌を天然培地上で培養する場合であれば，一晩で十分である．この際，必ずシャーレのふたを下にし，培地側を上とする．加温された培地から生じた水蒸気は，やがてふたの内面で凝縮して水滴を形成する．このとき，シャーレのふたが上であると，ふたから水滴が培地表面に落下することがある．そして，落下した水滴によって，培地表面のコロニーから被検菌が飛び散る．その結果，形成されるコロニー数が多く見積もられてしまう．形成されたコロニーを数えて希釈率と塗布量を考慮して，もとの培養液中の生菌数を計算する．短時間の培養によって形成された微小なコロニーをルーペや顕微鏡を用いて数えることもできるが，きわめて煩雑であるため，肉眼で容易に判別できる大きさ(直径1～2 mm)までコロニーが生育するのを待つほうが，計測が容易である．*Bacillus*属細菌などでよく認められることであるが，多数の微生物細胞が糸状に連鎖して生育することがある．このような細胞群は平板培地上で1つのコロニーしか形成しない．この場合に計測される生菌数は，実際の生細胞数よりも少なくなる．

　生菌数の測定は，生育のよい通常の微生物に対するもっとも感度のよい定量法である(あらゆる種類の微生物が定量できるという意味ではない)．その一方，以下のような理由で実験誤差が大きくなりやすいことに注意すべきである．

　第一に，希釈を繰り返さなければならないために，ピペットの精度と操作技術の熟練度が要求される．例えば，試料の水滴をピペットの先端に付着させたまま希釈を繰り返すという不注意な操作は，過大な生菌数を与える原因となる．また，ピペットのような秤量器は，公差として3%までは許容されて市販されている．

> **column**

フローサイトメトリー法

微生物の生育の測定には，上述した乾燥重量測定法，濁度測定法，細胞数・生菌数算出法に加えて，フローサイトメトリー法も用いられている．これは，蛍光標識した抗体で細胞などを免疫染色して細胞の1つ1つにレーザー光を照射し，蛍光色素から発せられた蛍光と散乱光を検出して，細胞の数とその形状を解析する方法である．フローサイトメトリー法の特徴としては，(1)短時間(数分間)に多くの細胞数(数万個)を測定できる，(2)高感度に定量的な測定ができる，(3)大腸菌，酵母，カビからなる集団の個々の生菌数と死菌数を同時に短時間で測定できる，(4)個々の細胞がもつ複数の生物学的情報(細胞のサイズ，核酸含量，タンパク質含量など)も同時に測定できる，などがあげられる．また，機種によっては，特定の微生物のみを分取し，解析することも可能である．測定可能な試料は，微生物，植物・ヒトの細胞と幅広い．実際にフローサイトメトリー法を用いて，ある細胞集団を解析する流れは，①細胞表面の免疫染色，②測定，③データ解析である．フローサイトメトリー用の蛍光標識抗体は各メーカーから市販されている．また，特定のタンパク質に対する抗体を用いることにより，細胞の情報だけでなく，細胞内の特定のタンパク質の定量も可能である．

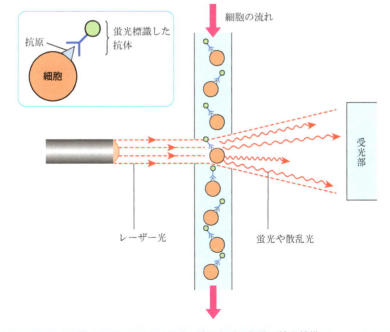

図　フローサイトメトリー法における細胞の検出機構

そのため，同一のピペットを用いて希釈を3回繰り返すと，公差による誤差は最大9％にもなる．希釈のたびに異なるピペットを用いることによって，この誤差を減少させることが期待されるが確実ではない．

次に，統計的な意味での誤差がある．ある母集団から試料を採る際にはばらつきが存在する．生菌数の計数の場合には，ほぼコロニー数の平方根に等しい標準誤差があるとされる．したがって，相対誤差はコロニー数の平方根の逆数となる．このことから，プレート上に形成されたコロニー数が1，10，100，400，1000 CFUのときの相対誤差はそれぞれ100，32，10，5，3％となる．当然ながら，コロニー数が多いほど相対誤差は小さくなる．さらに，コロニーの数え落としについて考えなければならない．生菌数の測定のためによく用いられているシャーレの直径は9 cmである．このプレートを用いて計数できるコロニーの数には限界がある．400～500個を超えると，近接したコロニーが多くなり，複数の細胞に由来するコロニーを1つと見誤るようになるため，コロニーの数え落としが生じる．したがって，1枚のプレートに100～300個のコロニーが形成されるように希釈した試料を塗布して，2～3枚のプレートでのコロニー数を平均する．実際には，10倍ずつ段階的に希釈した溶液を作製し，最適と考えられる希釈倍率とその前後の希釈液を用いてプレートで培養するとよい．ただし，この方法でも希釈時の誤差がなくなるわけではない．これらのことを考慮して実験操作に注意を払うとともに，実験結果を解釈すべきである．

参考書・参考資料
・掘越弘毅 監修，井上 明 編，ベーシックマスター微生物学，オーム社(2006)
　→ 微生物の生育についてわかりやすく書かれている．
・小西正朗，堀内淳一，「細胞の増殖を捉える―計測法から比速度算出まで(続・生物工学基礎講座　バイオよもやま話)」，生物工学，**93**, 149(2015)
　→ 微生物の細胞数測定について詳しく書かれている．

第8章 タンパク質の濃縮と分析

　細胞の乾燥重量の約70％はタンパク質であり，主要な細胞構成成分である．タンパク質は20種類のアミノ酸が配列した高分子で，配列したアミノ酸の組み合わせにより多様な立体構造をとり，これにより多彩な機能を発揮することができる．微生物由来のタンパク質の分析は，生理学的な現象の解析や有用酵素の性質検討を目的として実施されることが多い．このような分析の際には，タンパク質量を測定したり，タンパク質を電気泳動によって分析する．本章ではタンパク質を分析するためのさまざまな手法について述べる．

8.1 ■ 菌体と培地の分離

　細胞内のタンパク質は，菌体と培地を分離して，菌体を回収し緩衝液などに懸濁した後，超音波処理などにより細胞内のタンパク質を溶出させてから分析される．また，菌体外へ分泌されたタンパク質は，菌体を除いた培地を用いることにより調べられる．このように，多くの場合，タンパク質の分析には菌体と培地を分離する必要がある．

　寒天培地（プレート）上に生育した微生物菌体は多くの場合，薬さじなどで掻き取ることにより回収できる．しかし，寒天培地上で生育した菌体は増殖過程などが異なり生理学的に均一でない細胞群によって構成されている．液体培地を振とうして撹拌しながら培養するほうが，均一な細胞が得られる．

　液体培地中で生育した微生物菌体を回収するためには，一般的に遠心分離機が用いられる．細菌のように小さくて軽い細胞でも，重力の3,000から7,000倍の遠心力をかければ短時間で沈降させることができ，この結果，菌体と培地を分離することができる．微生物細胞が溶菌したり代謝が進行したりすることを防ぐために，前もって培養液を氷冷したり，遠心分離機のローターを冷却しておく．溶菌が始まると細胞から放出される核酸のために培養液の粘性が高まり，遠心分離が不完全になる．微生物菌体を回収する場合には，一般に4℃で5,000〜

7,000×g，10分間の条件で遠心分離が行われる．遠心分離により菌体と培養液を分離した場合，集菌した菌体の細胞間隙には，培養液が存在している．そこで，菌体を適当な緩衝液に懸濁し，再び遠心分離によって回収する．この操作によって，残留していた培地成分を除くことができる．

なお，カビなどの培養や大規模な培養の場合は遠心分離が困難なことが多く，ろ過による菌体の回収が行われる．

8.2 ■ タンパク質の抽出と回収

菌体外タンパク質は，上述の遠心分離操作によって得られる上清画分に回収される．細胞内のタンパク質を回収するためには，遠心分離によって得られた細胞を破壊して，細胞内のタンパク質を溶出する必要がある．細胞の破壊には，目的に応じて，超音波，リゾチーム，ドデシル硫酸ナトリウムなどによる処理が用いられる（図 8.1）．

8.2.1 ■ 超音波処理

超音波処理（sonication）は，試料の懸濁液の中で，10～20 kHz の超音波を発生させることにより細胞を破砕する方法である．市販されている超音波発生装置（ソニケーター）では超音波だけではなく可聴域の音波も利用している．超音波が懸濁液を伝わる際に生じる疎密波による圧力変化によって，細胞が破砕される．出力は試料の液量に応じて制御する．破砕効率は，超音波の伝達効率に依存し，細胞濃度を高くしすぎると，破砕効率は低下する．細菌細胞では，湿重量 1 g の菌体（およそ 10^{11} の細胞）を 3～5 mL ほどの割合で緩衝液に懸濁する．一度に処理できる液量は超音波発生機の出力によって決まる．市販されている多くの製品の出力では，一度に処理できる液量は 50～300 mL が限度である．このため，比較的少量の試料を簡便に破砕するのに適している．一方，1 mL 以下の微量スケールで処理する場合には，超音波の出力端子を小さくした微量試料のための専用の機種を使う．細胞の破砕処理中に試料温度が上昇する．そこで，タンパク質の熱変性を避けるために，試料液を冷却しながら超音波処理を行う．10 kHz，100 W，5 分間の処理によって，大腸菌や枯草菌の細胞はほぼ完全に破砕される．破砕後の試料を遠心分離して，細胞内の可溶性タンパク質を上清画分として回収

8.2 タンパク質の抽出と回収

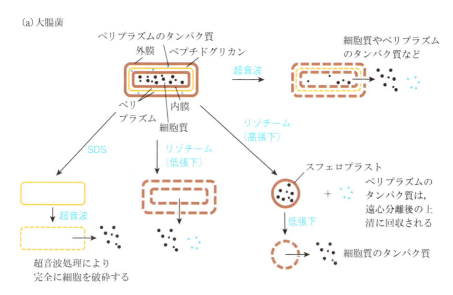

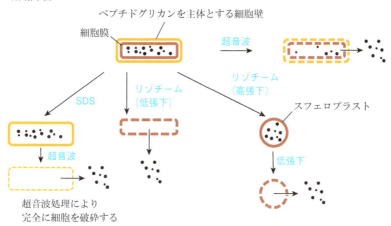

図 8.1 大腸菌(a)と枯草菌(b)に存在するタンパク質の分離

する．この画分には，断片化した細胞壁や細胞膜が含まれている．これらを除くためには，さらに超遠心分離($100,000 \times g$，$30 \sim 60$ 分，$4°C$)を行って，細胞壁や細胞膜を沈殿させる．

8.2.2 ■ リゾチーム処理

多くの細菌の細胞壁においてもっとも丈夫な骨格を構成しているのは，ペプチドグリカン（peptidoglycan）である．ペプチドグリカンは，N-アセチルグルコサミンと N-アセチルムラミン酸の2種類のアミノ糖が交互に連結した糖鎖がペプチドにより架橋されたものである．ペプチドグリカンの N-アセチルグルコサミンと N-アセチルムラミン酸の間のグリコシド結合は，卵白リゾチーム（lysozyme）によって加水分解されるため，細菌細胞をリゾチームで処理することによって，細胞壁を除去することができる．この操作を高張液中（例えば 15～20% ショ糖溶液）で行うと，細胞壁を失って細胞膜が露出したスフェロプラスト（spheroplast）あるいはプロトプラスト（protoplast）が形成される．このスフェロプラスト細胞は脆弱であるため，マグネシウムイオンを加えて細胞膜を安定化した後，遠心分離によってスフェロプラストを除く．この結果，**ペリプラズム**（periplasm）のタンパク質が上清に回収される．スフェロプラストは低浸透圧下で容易に破壊することができ，**細胞質**（cytoplasm）のタンパク質を回収できる．また，リゾチーム処理を低張下で行うと，スフェロプラストを形成せずに，細胞内容物（ペリプラズムと細胞質）が溶出する．

8.2.3 ■ ドデシル硫酸ナトリウム処理

界面活性剤は，脂質二重層を破壊し，水に不溶性の脂質や難溶性タンパク質を溶解する．**ドデシル硫酸ナトリウム**（sodium dodecyl sulfate, **SDS**）は，ドデシル基を疎水性基，そして硫酸基を親水性基としてもつアニオン性の強力な界面活性剤である（図 8.2）．SDS をタンパク質と混合して加熱すると，通常，タンパク質はその立体構造が破壊され，不規則な構造になる．SDS によるタンパク質の可

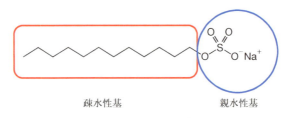

疎水性基　　　　　　　親水性基

図 8.2　SDS の構造

溶化は，SDS-ポリアクリルアミドゲル電気泳動(8.6.1項参照)によって全菌体タンパク質を分析する際の試料調製に適している．細胞を破壊するためには，1% SDS溶液1 mLあたりに，タンパク質2 mgを含む菌体を懸濁し，さらに完全に細胞を破壊するために超音波処理を短時間行う．

8.3 ■ タンパク質の濃縮と回収

　抽出あるいは回収したタンパク質は，酵素活性の測定あるいは電気泳動による分析(8.6節参照)などに用いられる．しかし，タンパク質濃度が低く，これらの分析に供することができない場合には，タンパク質の濃縮が行われる．タンパク質の中には変性しやすいものがあるため，変性を避けたい場合には，低温，中性などの穏和な条件での濃縮が望ましい．タンパク質の濃縮にはさまざまな方法があり，続いて行われる分析方法に応じて使い分けられる(表A.13参照)．

8.3.1 ■ 有機溶媒沈殿

　タンパク質が水に溶けている場合には，タンパク質分子の表面が水和した状態となっている．タンパク質の水溶液に，水と混和するアセトンやエタノールなどの有機溶媒を添加すると，水溶液の誘電率が低下してタンパク質間の静電相互作用に影響を与える結果，溶解度が低下して不溶性となる．必要な有機溶媒の濃度は，タンパク質および溶媒によって異なる．したがって，添加する有機溶媒の濃度を変えることによって，共存しているタンパク質の粗分画を行うことができる．多くのタンパク質が有機溶媒に対して不安定であるので，この分画法はできるだけ低温で行うことが望ましい．

　有機溶媒には水と混和する際に発熱するものがある．そのため，-20℃に冷却した有機溶媒(アセトンなど)を，0℃近くまでに冷却した粗抽出液に徐々に加えていく．低温下にしばらく放置した後，遠心分離などの操作によって，沈殿してきたタンパク質を回収する．沈殿物をジエチルエーテルで洗った後，風乾してから冷蔵保存しておくこともできる．また，この沈殿物を緩衝液などに溶解して，次の分析に用いてもよい．このときに注意しなければならないのは，有機溶媒の添加によって塩類の溶解度が低下し，夾雑の塩類も沈殿してくることである．したがって，培養液中のタンパク質をアセトン沈殿などによって回収した場合に

は，透析などによって脱塩（8.4節参照）しなければ，次に行う分析が妨害されることが多い．

8.3.2 ■ 硫安沈殿

　タンパク質の水溶液に高濃度の塩類を加えると，溶解度が低下して不溶性となる．この現象は塩析とよばれているが，高イオン強度下においてタンパク質の荷電が相対的に低下して疎水性が増加した結果，タンパク質が凝集して不溶性の集合体を形成するために起こる．塩析の原因の1つは，高濃度の塩がタンパク質分子から水和水を奪い，タンパク質分子の溶解度を低下させることにある．塩の種類によってタンパク質の沈澱が生じる濃度は異なり，沈殿誘起能力の順序を示す**ホフマイスター系列**（Hofmeister series）が知られている．タンパク質が不溶性となる塩濃度は，タンパク質と塩の種類によって異なることから，抽出後のタンパク質の粗分画を行うことができる．有機溶媒沈殿法と比べると，タンパク質に対してより温和な方法であるので，多くのタンパク質に対して適用することができる．しかし，塩の添加によりタンパク質がもつ2価金属イオンが奪われて失活するタンパク質もある．添加する塩によってはタンパク質溶液のpHが変化することがあるので注意する．

　塩析の効果はイオン強度に依存しているため，1価よりも多価の酸からなる塩のほうが効果が大きい．加える塩としては，リン酸カリウム，硫酸ナトリウムな

> **column**
>
> **ホフマイスター系列**
>
> 　タンパク質の水溶液に中性の塩を加えていくと，タンパク質の沈殿が生じる（塩析）．このときの沈殿誘起能力のイオン順列がホフマイスター系列（下図）である．SO_4^{2-}イオンやNH_4^+イオンはタンパク質の溶解度を下げ，水に溶解していたタンパク質を塩析させる．これらのイオンはタンパク質の構造を安定化させるため，タンパク質の精製過程では硫酸アンモニウム沈殿が用いられる．反対に，I^-，ClO_4^-，SCN^-といったイオンは，タンパク質の溶解度を上げる（塩溶）が，その構造を破壊する．タンパク質の構造を破壊するこの性質をカオトロピックという．
>
>
>
> 陰イオン：$SO_4^{2-} > H_2PO_4^- > CH_3COO^- > Cl^- > Br^- > I^- > ClO_4^- > SCN^-$
> 陽イオン：$(CH_3)_4N^+ > NH_4^+ > K^+ > Na^+ > Li^+ > Mg^{2+} > Ca^{2+} > Ba^{2+}$

ども用いられるが，硫酸アンモニウム（硫安）は溶解度が大きいためにもっともよく用いられる（1 L の水に 767 g が可溶，表 A.14 参照）．都合のよいことに，硫安は溶解の際に発熱せずに吸熱するので，タンパク質の熱変性が避けられる．

　タンパク質の濃度が高いときには，硫安添加後 30～60 分程度氷冷すると，タンパク質が沈殿してくる．希薄な場合には，冷蔵庫などに一晩静置する．塩析したタンパク質は遠心分離などによって回収する．硫酸イオンと不溶性の塩を形成する場合以外には，一般には溶液中の塩類は沈殿しない．しかし，生じた沈殿には，多量の硫安が含まれているため，次の分析を行うためには透析などによる脱塩（8.4 節参照）が必要となる．

8.3.3 ■ トリクロロ酢酸（TCA）沈殿

　トリクロロ酢酸（TCA, CCl_3COOH）は非常に強力なタンパク質沈殿剤である．タンパク質溶液に，終濃度として 5～10％となるように TCA 水溶液を添加して氷冷すると，タンパク質が不溶化して析出してくる．タンパク質の濃度に応じて 30 分から一晩ほど冷蔵庫に静置する．沈殿したタンパク質は酸変性をしているため，上述の 2 つの方法とは異なり，酵素活性などの機能は維持されない．上述のアセトンや硫安を用いて回収した沈殿を TCA 水溶液で洗えば，変性をともなうが簡単に脱塩することができる．沈殿をアセトンやジエチルエーテルで洗うことによって TCA を除いた後，沈殿を水に懸濁し，水酸化ナトリウム溶液などで中和する．これを，超音波処理などによって SDS 溶液に懸濁して溶解させた後，SDS－ポリアクリルアミドゲル電気泳動（8.6.1 項参照）によって分析する．TCA は固体として市販されているが，きわめて吸湿性の高い試薬であるため，濃度の再現性が乏しくなりやすい．筆者らは，購入した直後の TCA を水に溶かして冷暗所に保存し，100％(w/v)溶液として使うようにしている．

8.3.4 ■ 限外ろ過

　これまで述べてきた濃縮回収方法は，タンパク質を不溶性の沈殿として回収するものである．タンパク質によっては沈殿させて回収するときわめて溶けにくくなるものがあり，タンパク質を溶液のまま濃縮するほうが，以後の操作が容易となる場合も多い．熱的に安定なタンパク質であれば，エバポレーターを用いて濃縮することもできるが，多くのタンパク質はこの過程で変性してしまう．これを

避けるための濃縮方法の 1 つが**限外ろ過法**(ultrafiltration)である．限外ろ過法では，透析用の膜を用いて試料液を加圧下でろ過する．その結果，透析膜を通過できない高分子物質だけが溶液中に残り，水とともに透析性の低分子物質が除去される．透析膜の膜孔のサイズ(数 nm 〜 数十 nm)によって分子を分画することができる．濃縮すべき液量に応じて，さまざまな規模の装置が市販されている．注意すべき点は，タンパク質によってはろ過膜に吸着しやすいことである．また，未変性のタンパク質が共存したまま長時間(一晩程度)放置されることになるため，タンパク質分解酵素(プロテアーゼ)が存在していると，試料タンパク質が分解されてしまう．分解を防ぐためにプロテアーゼの阻害剤を加えておくこともある．プロテアーゼの触媒型に応じたプロテアーゼ阻害剤があり，セリンプロテアーゼにはフッ化フェニルメチルスルホニル(PMSF，使用濃度 0.5 〜 1 mM)，システインプロテアーゼにはロイペプチン(使用濃度 10 〜 100 μM)，金属プロテアーゼにはエチレンジアミン四酢酸(EDTA，使用濃度 10 〜 100 μM)などが用いられる．遠心分離機に装着して短時間で行う小規模の限外ろ過膜(スピンカラムタイプ)も市販されている．

8.3.5 ■ ポリエチレングリコール(PEG)濃縮

この方法も，試料タンパク質を溶解したまま濃縮することができる．限外ろ過法が特別の装置を必要とするのに対して，この方法では簡便に試料溶液の濃縮を行うことができる．試料溶液を入れた透析チューブ(8.4 節参照)に固体のポリエチレングリコール(PEG)をまぶして冷蔵する．一晩程度放置すると，チューブ内の透析性成分とともに水がチューブ外へと移行する．さらに濃縮を続ける場合には適当な緩衝液に対して透析をして脱塩操作をした後，改めて同じ操作を繰り返す．濃縮作業中に PEG の一部が透析チューブ内に侵入することがある．これを避けるために，PEG の代わりに，高価ではあるがフィコール 400(Ficoll 400)とよばれる親水性のポリマーが用いられる．チューブ外面は，水分を吸収して溶解した PEG やフィコール 400 によって汚れているので，水などで汚れを洗い落とした後，チューブ内の溶液を取り出す．

8.4 ■ 脱塩操作

　試料液に混在する高濃度の塩類は，8.6節で述べる電気泳動の際の障害となる．また，酵素反応を阻害することもある．タンパク質溶液中の塩類濃度を低下させる操作を**脱塩**(desalination)という．TCA沈殿によっても迅速に行えるが，酸変性を避けるために，**透析**(dialysis)が一般に用いられている．市販されている透析チューブを必要な長さに切り取り，よく洗う．市販されているチューブは，さまざまな化学物質によって汚れている．必要に応じて，キレート剤，エタノール，炭酸ナトリウム，酢酸，熱水などによる洗浄を繰り返す．洗浄したチューブの一端を固く縛って閉じ，試料溶液を入れる．その際，チューブをしごいて亀裂などがないことを確認しておく．チューブの両端を縛ってから，多量の希薄な緩衝液に入れる．透析性の膜の内外で平衡が成立するまで，塩類と水が移行する（図8.3）．マグネチックスターラーを使って透析外液を穏やかに撹拌すると，速やかに脱塩される．膜の内外の塩類の濃度差が大きいほど，塩類が速く移行するため，大量の緩衝液に対して透析して一度で終わらせるよりも，透析外液を少量ずつ交換しながら数回繰り返すほうが結果的には早く透析が終わる．透析内液に非透析性で電荷を有する高分子が存在する場合には，透析膜両側の水溶液が化学

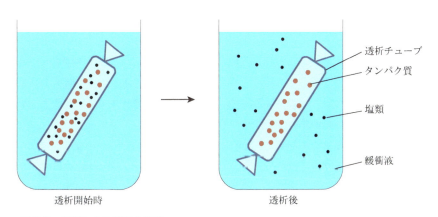

図8.3 透析による脱塩の原理
　　　　透析チューブに塩類を含むタンパク質溶液を封入し，多量の緩衝液に浸漬する．
　　　　塩類はチューブ外の緩衝液の中に移行し，チューブ内の水溶液は脱塩される．

平衡に達するドナン平衡(Donnan's membrane equilibrium)によって内液の pH が変化することがあるので注意する．

8.5 ■ タンパク質の定量法

　微生物由来の試料を取り扱ううえで，タンパク質の定量は頻繁に行われる．さまざまな方法が考案されているが，いずれの方法にも長所と短所がある(表 A.15 参照)．どのような試料にも使える理想的な定量法は，現在のところ知られていない．筆者らは，以下に述べるいくつかの方法をタンパク質の性質と，必要とされる定量精度により使い分けている．

8.5.1 ■ 紫外吸収法(UV 法)

　紫外吸収法(UV 法)は，タンパク質分子中の芳香族アミノ酸に由来する紫外領域の吸収に基づく方法で，波長 280 nm の吸光度(A_{280})を測定する．試料溶液をセルに入れて測定するだけであり簡便である．カラムクロマトグラフィーの検出にもしばしば用いられる．しかし，紫外部に吸収を有する夾雑物が含まれるときは不正確となる．また，タンパク質の種類によって芳香族アミノ酸の含量が大きく異なる場合があるので注意が必要である．感度は後述するローリー法の数分の1であり，必ずしもよくない．

8.5.2 ■ ローリー法

　ローリー(Lowry)法は，タンパク質に対する2つの反応を組み合わせて，定量法として発展させたものである．まず，アルカリ性でタンパク質と銅イオンを反応させる．銅イオンがペプチド結合などに配位して，紫色を呈する(ビウレット反応)．このときに銅原子に配位結合したペプチド結合の窒素が還元性となる．その後フェノール試薬を加えて，青色となった試料の波長 770 nm の吸光度(A_{770})を測定する．フェノール試薬は，フェノールの検出にも用いられる試薬で，リンモリブデン酸とリンタングステン酸を含有している(フェノールを含有しているわけではない)．これらの化合物は，還元物質によって青色のリンモリブデン(タングステン)ブルーに還元される．したがって，ビウレット反応により還元性となったタンパク質にフェノール試薬を加えると青色になる．また，フェノール試

薬は，タンパク質中のチロシン，トリプトファン，システイン残基とも反応して，青色を呈する．したがって，ローリー法は，ペプチド結合とこれらの還元性アミノ酸残基に依存して，タンパク質を定量する方法である．

簡便でもっとも一般的に用いられる定量法であり，感度も高く，SDSを含有する試料に使用できるなどの利点があるが，決して万能な方法ではない．主な短所として，以下のような点がある．

(1) 市販品として入手が容易なタンパク質(ウシ血清アルブミンなど)を定量標準として用いるのが一般的であるが，反応原理から明らかなように，タンパク質のアミノ酸組成によって呈色率が異なる．したがって，ローリー法で定量された値は，個々のタンパク質量の真の値ではない．
(2) さまざまな還元性物質など(混在しやすい物質は実験条件によって異なるが，2-メルカプトエタノールなどのチオール類，フェノール類，還元性の糖類など)が，タンパク質と同じように呈色するためブランク値が高くなる．
(3) キレート剤(カルボン酸，エチレンジアミン四酢酸)は銅イオンを消費するために，呈色が低下する．
(4) 高濃度のトリトンX-100などの界面活性剤，カリウムイオン，アンモニウムイオンなどによって，ドデシル硫酸イオンが沈殿を形成する．

8.5.3 ■ ブラッドフォード法

後述するようにタンパク質のゾーン電気泳動には，タンパク質に特異的な染色色素の開発が必要であった．このような色素を，溶解状態のタンパク質の定量に用いた方法の代表的な例が**ブラッドフォード(Bradford)法**である．

操作は非常に簡便である．リン酸で酸性としたクマシーブリリアントブルー(CBB)G-250溶液と，タンパク質溶液とを混合する．混合後，CBB G-250は直ちにタンパク質と結合する．CBB G-250の吸光ピーク(465 nm)は，タンパク質と結合することによって595 nmに変化する．したがって，595 nmの吸光度を測定して，タンパク質に結合したCBB G-250を定量する．CBB G-250が過剰に存在している場合には結合型色素の濃度はタンパク質濃度に比例する．石英製のセルには色素-タンパク質の複合体が吸着しやすいため，ガラスまたはプラスチック製のセルを使用する．セルについた汚れは，エタノールで洗い落とすこと

ができる.

　操作が1段階であるために，ローリー法と比べて簡便であるとともに，迅速に行える方法である．短所は以下のような点である．
（1）酸性で反応させるために，タンパク質によっては沈殿することがある．この点は，ローリー法のほうがすぐれている．
（2）タンパク質によっては色素と結合せず，まったく定量されないこともある．
（3）多くの界面活性剤が，色素とタンパク質との結合反応を妨害する．このため，界面活性剤で溶解させたタンパク質試料には用いることができない．ローリー法では，SDSで溶解したタンパク質を問題なく定量できる．

8.6 ■ 電気泳動法

　タンパク質は構成するアミノ酸の組成によって全体として正または負の電荷をもっている．電荷をもつタンパク質を電場に置いた場合，電気泳動現象と電気浸透現象の影響を受けながら分子は電場の中を移動する．ここで，電気泳動現象とは，分子が溶けている溶液に電場をかけた場合に，正に荷電した分子はマイナス極に，負に荷電した分子はプラス極に移動することをいう．また，電気浸透現象とは，緩衝液（液体）とゲルなどの支持体が接しているところに電場をかけた場合に，液体が移動する現象のことである．例えば，支持体が負に荷電している場合には，支持体に弱く結合している陽イオンはマイナス極側へ流れていく．この際に，イオンのまわりの水分子も引っ張られて移動する流れが生じる．これが電気浸透流である．実際の電気泳動では，電気浸透を避けるために，ポリアクリルアミドなどの電荷をもたないゲル素材が用いられる．

8.6.1 ■ SDS-ポリアクリルアミドゲル電気泳動（SDS-PAGE）法

　SDS-ポリアクリルアミドゲル電気泳動（SDS-polyacrylamide gel electrophoresis, **SDS-PAGE**）**法**に用いられるポリアクリルアミドは，アクリルアミドと架橋剤として加えたN,N'-メチレンビスアクリルアミドの共重合体である（図 8.4）．ポリアクリルアミドゲルは，電気泳動の際に用いるタンパク質支持体としてすぐれた特徴をもっている．ポリアクリルアミドゲルの利点は，（1）化学的に非常に安定でタンパク質などと反応しない，（2）解離基が存在しないので試料分子の電

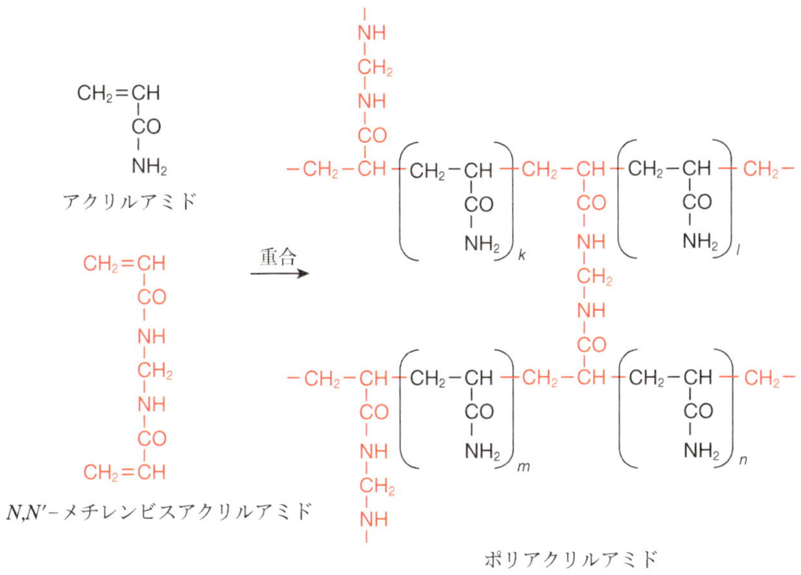

図 8.4 アクリルアミドと N,N'-メチレンビスアクリルアミドの重合による架橋構造の形成

気浸透が起こらない，(3) 透明なために試料の検出が容易である，(4) 機械的に丈夫である，(5) 高分子物質に対して分子ふるい効果をもつゲルの重合度を任意に，しかも高い再現性をもって調製できる，(6) 高純度のモノマーが簡単に入手できる，などである．未重合のモノマーは神経毒であるので，手袋を着用して扱う必要がある．

アクリルアミドは，2枚のガラス板の間に重合されることが多い．タンパク質は，平板状となったポリアクリルアミドゲル（スラブゲル）内で垂直方向に泳動される．この方法はスラブ電気泳動とよばれる（図 8.5）．また，等電点電気泳動法（8.6.4 項参照）では，円柱状のゲル（ディスクゲル）などが用いられる．

タンパク質のジスルフィド結合を 2-メルカプトエタノールによって切断し，SDS とともに加熱すると，完全に変性する．このとき，タンパク質のアミノ酸残基 2〜3 個につき 1 分子の割合で SDS が結合している．このため，SDS-タンパク質複合体は，大きな負電荷をもつ．タンパク質がもともともっていた電荷は，複合体の形成によって生じる電荷と比べると無視しうる．SDS-タンパク質複合体は，伸長した棒状あるいは糸状になると考えられていて，タンパク質のもとの

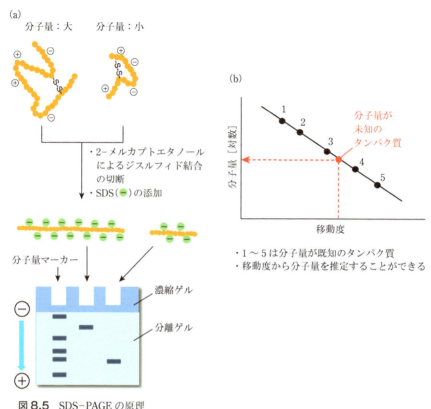

図 8.5 SDS-PAGE の原理
(a)SDS を用いてタンパク質を変性させ，スラブゲルにより SDS-PAGE を行った実験の過程．(b)検量線によるタンパク質の分子量の推定．

形状とは関係がない．したがって，もとのタンパク質の電荷や形状とは無関係に，SDS-タンパク質複合体は，ほぼ均一の負電荷密度および伸長した形状となる．

SDS-PAGE 法では，pH とアクリルアミドの濃度が異なる 2 種類のゲル（濃縮ゲルと分離ゲル）を用いる場合が多い．濃縮ゲルはアクリルアミドの濃度が薄いため分子ふるいとしての効果はない．SDS-タンパク質複合体をポリアクリルアミドゲル中で電気泳動すると，濃縮ゲル中に塩化物イオンのゾーンと泳動用の緩衝液（泳動バッファーとよばれる）に含まれていたグリシンのゾーンができ，その間にタンパク質が存在することになる．この際，塩化物イオンの移動とともに，タンパク質とグリシンのゾーンが接近し，タンパク質が濃縮される．一方，分離

ゲルにおいてはゲルの分子ふるい効果だけに依存して泳動されるため，複合体の分子量の違い，すなわちタンパク質の分子量の違いだけで泳動速度が決まる．したがって，SDS-PAGE法によってタンパク質を泳動すれば，タンパク質の分子量の大きさによって分離することができる．また，分子量が既知の標準タンパク質の移動度と試料タンパク質の移動度を比較することによって，試料タンパク質の分子量を推定することができる．

　実験方法のあらましを簡単に説明すると次のとおりである．試料用の緩衝液に，SDSと2-メルカプトエタノールを含み高濃度のグリセロールまたはショ糖によって比重を大きくした溶液(サンプルバッファーとよばれる)を加える．また，試料液の中へ，希薄な色素(ブロモフェノールブルー，bromophenol blue, BPB)を加えておくと，泳動過程の経過がリアルタイムでわかりやすい．試料タンパク質あるいは標準タンパク質を溶解して，5分ほど煮沸する．この操作によって，タンパク質のジスルフィド結合の開裂およびSDSのタンパク質への結合と変性が完了する．泳動バッファー，濃縮ゲル，分離ゲルにもSDSを0.1%加えて通電し，泳動を開始する．BPBがゲルの先端近くまで泳動されたときに，通電を停止する．そして，ゲル中のタンパク質をCBB R-250などの色素で染色する．ゲルの染色には，検出感度がよいなどの理由からCBB R-250が用いられるが，ブラッドフォード法で用いるG-250とは異なるので注意を要する．CBB染色以外の染色法としては銀染色がある．銀染色法は，銀の錯体をタンパク質に結合させ，その錯体をホルムアルデヒドで還元させることにより，銀を析出させる方法である．タンパク質を銀染色した場合，CBB染色の50〜100倍の感度が得られるが，再現性よく染色するのが難しく，タンパク質の検出感度が高いためゲルを手で触らないように注意する必要がある(表A.16参照)．

　タンパク質の種類によっては，SDSの結合量が異常に多くなることが知られている．SDS分子のドデシル基はタンパク質分子の疎水性領域に結合するため，疎水性領域の多いタンパク質はSDSの結合量が通常のタンパク質よりも増加する．このようなタンパク質を用いてSDS-PAGEを行うと，その移動度は分子量から予想される移動度よりも大きくなる．この結果，本来の分子量よりも過小な値を推定してしまうことがある．反対に，酸性タンパク質や塩基性タンパク質，翻訳後修飾により糖鎖などが結合したタンパク質では，タンパク質とSDSの結合が妨害されるために，SDSの結合量が通常のタンパク質よりも少なくなる．

このため，分子量から予想される移動度よりも小さくなり，本来の分子量よりも過大な値を推定してしまうことがある．したがって，SDS-PAGE法による分子量の測定は簡便で比較的信頼性の高い方法ではあるが，常に正しい結果を与えるとは限らない．

8.6.2 ■ ネイティブポリアクリルアミドゲル電気泳動（ネイティブPAGE）法

ネイティブポリアクリルアミドゲル電気泳動（ネイティブPAGE）**法**は，SDS-PAGE法と同様であるが，SDSを添加しないため，タンパク質が未変性の状態で電気泳動され，試料分子の移動度はその分子の電荷と形や大きさに依存する．

8.6.3 ■ ブルーネイティブポリアクリルアミドゲル電気泳動（ブルーネイティブPAGE）法

ブルーネイティブポリアクリルアミドゲル電気泳動（ブルーネイティブPAGE）法は，上述のネイティブPAGE法に類似した方法である．CBB色素をタンパク質に結合させ，色素のもつ電荷により，電気泳動を行う方法である．CBB色素は，SDSのようにタンパク質の高次構造を壊すことはなく，タンパク質どうしの相互作用により複合体を形成したタンパク質については複合体構造を保った状態で泳動することができる．また，CBB色素がタンパク質に結合することにより，通常のネイティブPAGE法よりも，タンパク質の泳動速度が速くなる．ブルーネイティブPAGE法では，試料液中にCBB色素を添加するだけでなく，泳動バッファーにもCBB色素を添加するため，泳動中のゲルは青く染まっている．このため，「ブルー」という形容詞が付されている．

8.6.4 ■ 等電点電気泳動法

等電点電気泳動（isoelectric focusing, **IEF**）**法**は，pH勾配を形成しているゲルの中で電気泳動を行う方法で，それぞれのタンパク質はそれ自身の等電点（pI）に対応するpHの位置まで移動すると，移動が停止する（図8.6）．ゲル中に安定なpH勾配を形成させるために，両性電解質を含む溶液が用いられる．ゲル（支持体）にはアガロースやポリアクリルアミドが用いられ，ディスクゲルとして用いられる．また，ディスクゲルのほかに短冊型のシート状に加工した固定化pH勾配（immobilized pH gradient, IPG）ゲル（IPGストリップ）が用いられる場合がある．

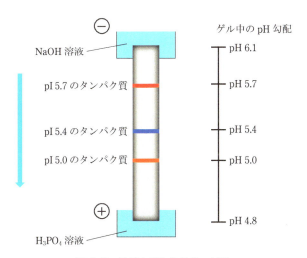

図 8.6　等電点電気泳動法の原理

8.6.5 ■ 二次元電気泳動法

二次元電気泳動法は，異なる原理により分離する2回の電気泳動によりタンパク質を二次元に分離する方法である（図 8.7）．通常，一次元目（1回目）は等電点

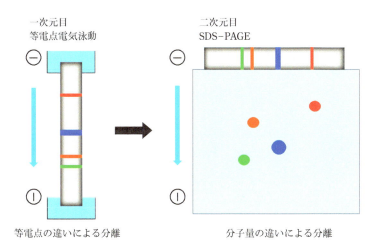

図 8.7　二次元電気泳動法の原理
　　　　一次元目の等電点電気泳動後のディスクゲルを SDS-PAGE スラブゲルにセットし，二次元目の SDS-PAGE を行う．

電気泳動により等電点の違いに基づいてタンパク質が分離され，二次元目（2回目）は SDS-PAGE により分子量の差に基づいてタンパク質が分離される．1回目と2回目に異なった分離条件となるため，すぐれた分解能が得られる．二次元電気泳動法で用いられる等電点電気泳動法では，再現性や解像度が高い固定化 pH 勾配（IPG）法が広く用いられる．プロテオーム解析（生体内で発現するタンパク質の網羅的な解析）において，二次元電気泳動が汎用されている．

8.7 ■ N 末端配列の決定法（エドマン分解法）

エドマン（Edman）**分解法**により，タンパク質の N 末端アミノ酸配列を，十数残基から数十残基程度，決定することができる（図 8.8）．まず，タンパク質の N 末端にフェニルイソチオシアネートをアルカリ条件下で作用させ，フェニルイソチオシアニルタンパク質とする．続いて，トリフルオロ酢酸（CF_3COOH）などで N 末端のペプチド結合を加水分解し，N 末端のアミノ酸をフェニルチオヒダントイン-アミノ酸（PTH-アミノ酸）誘導体として高速液体クロマトグラフィー（HPLC）で分離同定する．この一連の反応を繰り返すことにより，連続的に順次 N 末端のアミノ酸が 1 残基ずつ決定できる．一連の反応を自動で行う装置が開発

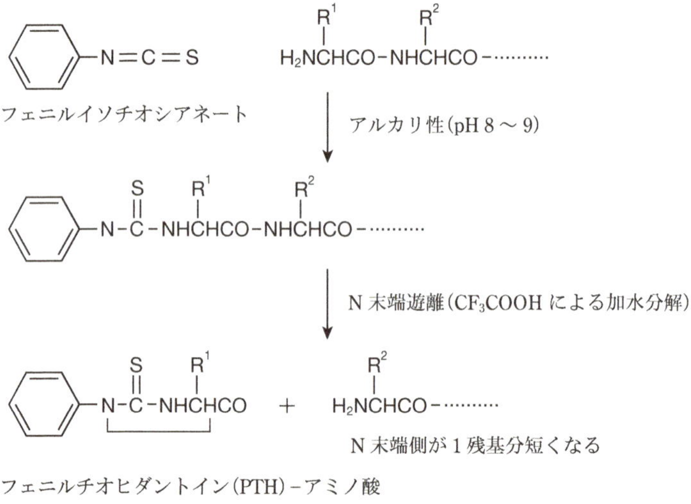

図 8.8　エドマン分解法による N 末端アミノ酸配列分析

されている.

8.8 ■ 質量分析によるタンパク質の分子量の測定

ある生物試料に含まれるすべてのタンパク質を分離して分析する**プロテオーム解析**(proteomic analysis)では通常，二次元電気泳動によって試料中の多種類のタンパク質を分離する．分離した個々のタンパク質をゲル中でプロテアーゼ(トリプシンなど)によってペプチドに断片化した後，ゲルから回収し，**質量分析**(mass spectrometry, **MS**)に供する．得られたペプチドのマススペクトル(ペプチドマスフィンガープリント)をデータベース中のマススペクトル(タンパク質をプロテアーゼで消化した場合に理論的に得られるペプチドのマススペクトル)と比較することにより，タンパク質が同定される．データベース検索用のソフトウエアがさまざまなメーカーから販売されている．プロテオーム解析では，主に後述する MALDI-TOF MS や LC/MS/MS などによって，タンパク質の解析・同定が行われる．

8.8.1 ■ MALDI-TOF MS

MS 装置は通常，イオン源，質量分析計とイオン検出器から構成される．MALDI-TOF MS では，イオン化にマトリックス支援レーザー脱離イオン化(MALDI)法が用いられる(図 8.9)．MALDI 法は，マトリックス(イオン化されやすい化合物)と試料を混合し，表面に窒素レーザー光(波長 337 nm)をパルス照射することにより，試料をイオン化する方法である．マトリックスを用いることにより，試料(タンパク質)の熱による分解を防ぐことができる．MALDI 法で生成したタンパク質またはペプチドのイオンは，電場により加速して検出器に到達する時間を計測する飛行時間型質量分析(TOF MS)において分離して検出される．TOF MS は，イオンの質量により飛行時間が異なることを利用して分離・検出する方法であり，重いイオンほど遅く飛行し，検出器で検出される時間も遅くなる．高分子量のタンパク質をイオン化することは困難であったが，田中耕一氏はグリセロールとコバルトの混合物からなるマトリックスを用いて，レーザーによるタンパク質の気化および検出に世界で初めて成功した功績により 2002 年のノーベル化学賞を受賞した．

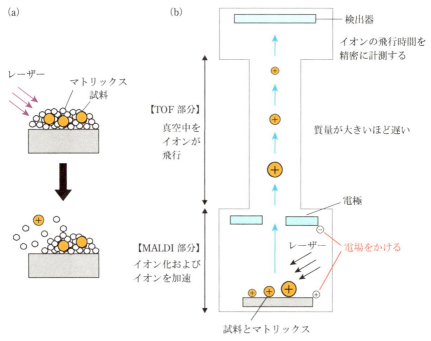

図 8.9　MALDI–TOF MS の原理
(a)イオン化の原理，(b)検出の原理
［大楠清文，モダンメディア，**58**，116(2012)，図1と図2を改変］

8.8.2 ■ LC–MS/MS

　LC–MS/MS は，液体クロマトグラフと MS を結合させた装置である（図8.10）．HPLC で分離された成分を1つめの MS（試料溶液を微細なエアロゾルに噴霧することによってイオン化するエレクトロスプレーイオン化法，ESI 法）でイオン化し，四重極型質量分析器を用いて特定の質量をもつイオン（プレカーサーイオン）を選択する．続いて，コリジョンセル（衝突室）において，不活性ガスに衝突させてプレカーサーイオンを断片化する．この結果，生成したイオン（プロダクトイオン）を2つめの MS（TOF MS）で分析し，プロダクトイオンスペクトルを得る．

　LC–MS/MS の感度は非常に高く，個々のプロダクトイオンの精密な質量から，C, H, N, O などの原子の組成を割り出すことが可能であり，多数のプロダクトイオンの情報からプレカーサーイオンの構造について詳細な情報を得ることができる．

8.8 質量分析によるタンパク質の分子量の測定

メタボローム解析

生体内には，タンパク質や核酸などの高分子化合物のほかに，糖やアミノ酸，有機酸，脂肪酸などの低分子化合物も多数存在している．これら代謝産物（メタボライト）を網羅的に解析することがメタボローム解析である．DNA 配列の網羅的解析（ゲノム解析），mRNA の網羅的解析（トランスクリプトーム解析），タンパク質の網羅的解析（プロテオーム解析）に加えて，生命現象を包括的に理解するための重要な解析法になっている．メタボローム解析では，対象となる化合物の特性に応じてガスクロマトグラフィー－質量分析法（gas chromatography–mass spectrometry, GC–MS）や液体クロマトグラフィー－質量分析法（liquid chromatography–mass spectrometry, LC–MS）が使い分けられている．

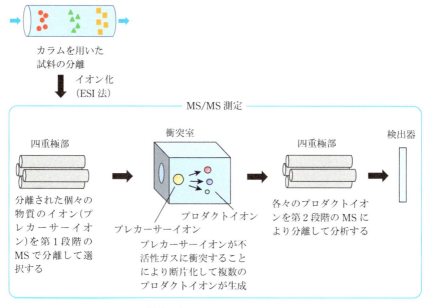

図 8.10 LC–MS/MS の原理

参 考 書

- 岡田雅人，タンパク質実験ノート（上）（下），羊土社（2011）
  → タンパク質実験に関する実験方法が詳細に解説されている．
- 西方敬人，バイオ実験イラストレイテッド5―タンパクなんてこわくない，秀潤社（1996）
  → タンパク質実験に関する実験方法が詳細に解説されている．
- 丹羽利充，最新プロテオミクス・メタボロミクス―質量分析の基礎からバイオ医薬への応用（細胞工学 別冊），秀潤社（2007）
  → タンパク質の質量分析について解説されている．
- 大藤道衞，電気泳動なるほどQ&A―そこが知りたい！，羊土社（2011）
  → 電気泳動法についてわかりやすく解説されている．ブルーネイティブPAGE法についても記載されている．

第9章 免疫学的手法

　生体を病原体などの攻撃から守る仕組みが免疫系であり，その主役となるのが**抗体**(antibody)タンパク質である．抗体は，**免疫グロブリン**(immunoglobulin, Ig)というタンパク質であり，特定の異物(**抗原**(antigen)という)に特異的に結合して，その異物を生体内から除去する．抗体の抗原に対する結合はきわめて高い特異性を有するため，細菌の同定，タンパク質の検出や分離など，幅広く利用されている．このように，抗体と抗原の反応を利用して生体物質を分析する手法を免疫学的手法という．以下に代表的な方法を概説する．

9.1 ■ 抗原-抗体反応

　ウイルスや病原性微生物といった異物(抗原)が生体に入った場合，その異物に結合する抗体の産生が起こる．そして，抗体は抗原と結合し(抗原-抗体反応)，抗原を無毒化し，除去する．抗原と抗体との結合による生成物は，**免疫複合体**(immune complex)とよばれる．

　抗体分子(図9.1)は，H鎖(heavy chain，あるいは重鎖ともいう)とL鎖(light chain，あるいは軽鎖ともいう)が対となり，それがもう1組結合したY字型の4量体が基本構造となる．H鎖とL鎖が結合した部分のN末端領域は可変領域(V領域，variable region)とよばれ，それぞれに1分子ずつ抗原が結合する．2本のH鎖が対となった部分(C末端領域)は，定常領域(C領域，constant region)とよばれる．抗体をいろいろな物質で修飾する場合には定常領域が利用される．抗体の精製に利用されるプロテインA(黄色ブドウ球菌(*Staphylococcus aureus*)の細胞壁に存在)やプロテインG(G群溶血性連鎖球菌の細胞壁に存在)はこの領域に結合する．抗原-抗体反応に関与するのは，イオン結合，水素結合およびファンデルワールス結合といった可逆的結合であるが，抗原に対する抗体の特異性は非常に高く，しばしば「鍵と鍵穴」との関係に例えられる．

　抗原で免疫する(抗原を注射して，抗体産生を誘導すること)動物種を選べば，

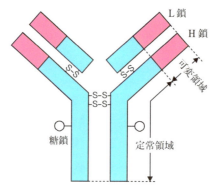

図 9.1 抗体分子の構造
典型例として,ヒト免疫グロブリン G(サブクラス 1)の構造を示した.

ほとんどすべてのタンパク質に対する抗体を容易に調製することができる.抗体はタンパク質などの多様な抗原分子に特異的に作用することから,タンパク質の分離・分析や生体内分布の解析,病気の診断に活用されている.最近では病気の原因となるタンパク質などに結合して作用する抗体医薬としても幅広く利用されている.

> **column**
>
> **低分子化合物に対する抗体**
>
> 抗体が産生されるための抗原分子は,タンパク質や多糖類のような高分子(分子量約 8,000 以上)である.低分子化合物(小さいペプチド,アミノ酸,単糖類,リン脂質など)は,十分な抗原性を備えていないため免疫応答を誘発できない.一方で,多くの場合,エピトープは高分子上の非常に短いペプチド領域(一般的に 5〜8 個のアミノ酸)やオリゴ糖である.そこで,低分子の抗原から抗体を産生させるために,キーホールリンペットヘモシアニン(keyhole limpet hemocyanin, KLH)などのキャリアタンパク質へ抗原を結合させて高分子化した後,動物に免疫し,それに対する抗体を産生させる方法が開発されている.この場合,抗体と結合できるが,低分子であるため単独で免疫応答を誘導できない分子はハプテン(hapten)とよばれる.ハプテンは,適正なキャリア分子へ結合させることにより,免疫応答を誘導できるようになる.

9.2 ■ 抗体の調製

9.2.1 ■ 抗血清，ポリクローナル抗体およびモノクローナル抗体

　1種類の微生物由来タンパク質を抗原として動物に注射したとき，このタンパク質のさまざまな部位に特異的に結合する多種の抗体分子が産生され，血液中に現れる．この免疫後の動物から調製した血清が**抗血清**（antiserum）である．抗血清には多種多様な抗体分子が含まれており，後述するモノクローナル抗体の混和物と考えられることから，**ポリクローナル抗体**（polyclonal antibody）といえる．一方，単一の抗体産生クローンが産生する抗体分子は，**モノクローナル抗体**（monoclonal antibody）とよばれる．モノクローナル抗体は，アミノ酸配列だけでなく，抗原に対する特異性や親和性についても均一な抗体の集団である．

　抗原–抗体反応は平衡反応であり，個々の抗体の抗原に対する親和性はおよそ $10^{12} \sim 10^5 \, M^{-1}$ まで大きく変化する．必ずしも「親和性の高い抗体」＝「利用価値の高い抗体」というわけではなく，利用目的に応じて適切な性質をもつ抗体を使い分ける必要がある．抗血清（ポリクローナル抗体）は複数の抗原に複数分子の抗体が結合して複雑で強固な免疫複合体を形成する．これに対し，モノクローナル抗体は，1分子の抗原に1分子しか結合できず，抗原–抗体反応の特異性がきわめて高い．そのため，モノクローナル抗体は，ウエスタンブロット法（9.3.4項）や免疫染色などでよく利用される．このとき，抗血清（ポリクローナル抗体）を用いると，非特異的反応が起こるため，使用は不向きである．一方で，抗血清（ポリクローナル抗体）に抗原を加えると，抗原上の複数の抗体結合部位（**エピトープ**，epitope）にさまざまな抗体分子が結合するため，結果として抗原を高感度で検出できる．また，モノクローナル抗体よりも容易に調製でき，比較的安価で入手できるといった利点もある．

9.2.2 ■ 抗血清（ポリクローナル抗体）の調製

　マウス，ウサギ，ヤギなど，多くの動物種が抗体の調製に用いられる．免疫は，皮下や静脈内に抗原を注射することにより行われる．抗原特異性の高い抗血清を得ることを目的として，抗原を**アジュバント**（adjuvant）とよばれる物質と混合して免疫に用いることがある．アジュバントの成分は，流動パラフィンや界面活性

剤などであり，免疫応答を高める働きをする．免疫後，適当な時期に試験採血を行い，抗体産生の有無を調べる．用いた抗原に対する抗体が産生されるまで，2～3回繰り返して免疫を行うことが多い．目的とする抗体の産生が確認された後，全採血し，血清を分離する．得られた抗血清は，分注して冷凍庫で保存する．

9.2.3 ■ モノクローナル抗体の調製

免疫後の動物から取り出した抗体産生細胞は，*in vitro* で長期間培養できない．しかしながら，この細胞を腫瘍細胞と融合させることによって，抗体産生能と無限増殖能とをあわせもつ細胞株を構築できる．この融合細胞株が**ハイブリドーマ**（hybridoma）であり，これを用いれば均一な抗体を大量に得ることが可能となる（図 9.2）．

モノクローナル抗体の作製に際しては，扱いやすいマウスがもっとも一般的な動物であるが，ラット，ウサギ，ニワトリなども使用できる．抗原で免疫後のマウスから脾臓細胞（抗体産生細胞を多く含む）を取り出し，ポリエチレングリコールを用いて，マウス骨髄腫培養細胞（ミエローマ，myeloma）と融合させる．融合後の細胞集団を，HAT 培地とよばれる選択培地（ヒポキサンチン（H），アミノプテリン（A），チミジン（T）を含む）で培養すると，ハイブリドーマだけが増殖してくる．増殖したハイブリドーマについて，その抗体産生能の確認と，限界希釈法などを用いた単一細胞クローンの分離（クローニングというが，遺伝子クローニングとは別操作）を行う．クローニングを繰り返し行うことにより，目的とするモノクローナル抗体を大量かつ安定に産生するクローンを選抜する．得られたクローンは液体窒素中で冷凍保存する．

モノクローナル抗体を調製するためには，ハイブリドーマの大量培養が必要となる．動物細胞株の培養には，通常，ウシ胎児血清（fetal bovine serum, FBS）を添加した培地が用いられるが，のちに抗体の精製を行うことを考えると，無血清培地の使用が望ましい．また，マウスの腹腔内にハイブリドーマを注射して，マウスの体内でハイブリドーマを増殖させ，腹水中に抗体を蓄積させる方法も有効である．培地上清あるいはマウス腹水からの抗体の精製法はすでに確立されており，各種クロマトグラフィーにより比較的容易に精製できる．モノクローナル抗体の精製標品は，分注して凍結保存する．

種々の抗原に対する抗血清やモノクローナル抗体が市販されており，また，最

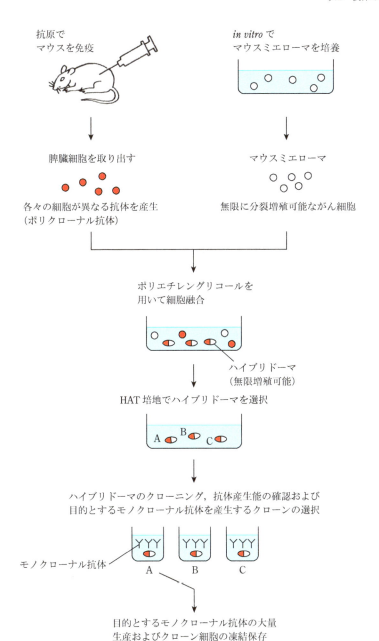

図9.2 モノクローナル抗体調製の概略

近では多くのメーカーが抗体の受注生産を行っている．特に，抗血清であれば比較的短期間かつ安価に入手できるため便利である．モノクローナル抗体の場合は，かなり高価であり，必ずしも目的に合致するものが得られるとは限らない．

また，抗原として高分子タンパク質の部分配列を有する合成ペプチドを設計する場合，タンパク質一次構造に基づいた二次および三次構造や親水性インデックスなどの情報が重要となる．また，他のタンパク質との間で特異性が高く，かつ抗原タンパク質の由来動物（ヒトなど）と抗体作製動物（ウサギなど）との間で種間特異性が高い配列を選ぶ．例えば，ラットとマウスの間では，種間特異性が低く，よい抗体が得られにくい．受注生産では，このような条件に合う抗原ペプチドのデザインから，合成，キャリアタンパク質への結合まで含めてサービスを提供している．なお，リン酸化ペプチドのような特殊な抗原に対する抗体の作製も依頼できる．

9.3 ■ 抗体による抗原の検出と定量

9.3.1 ■ 免疫拡散法

寒天ゲルを支持体として，抗原および抗体をそれぞれ別の位置から拡散させると，その濃度比が最適になった位置に抗原−抗体複合体が形成され，目に見える沈降線が現れる．この原理を応用した方法が，**オクタロニー試験**（Ouchterlony test）であり，寒天層に開けた2つの穴にそれぞれ注入した抗原と抗体をそれぞれ拡散させることから，免疫拡散法，二重拡散法ともよばれる（図 9.3）．この方法のすぐれている点は，抗原の検出のみならず，同定も行えることである．既知

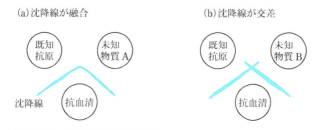

図 9.3　オクタロニー試験による抗原分析
沈降線が融合した未知物質 A と既知抗原は同一のエピトープを有しており，沈降線が交差した未知物質 B のエピトープは既知抗原とは異なる．

の抗原と未知物質とを別々の位置から抗体と反応させ，形成された沈降線が完全に融合するのか，交差するのかなどを観察することにより，既知の抗原と未知物質とが同一のエピトープを有しているか否かが推定できる．オクタロニー試験には抗血清が用いられる．

9.3.2 ■ 免疫凝集法

細菌は，その表面にさまざまな抗原を有している．そのため，細菌に，表面抗原に対する抗血清を加えた場合，抗原-抗体反応により細菌と抗体とが連鎖的に結合して，肉眼で見える巨大な凝集塊を形成することがある．この反応は，免疫凝集とよばれる．**免疫凝集法**を利用して，種々の細菌に対する抗血清と未知細菌の反応を観察することで，細菌の表面抗原を解析することができる(図 9.4)．このとき，その抗血清に対応した細菌の型を**血清型**(serotype)とよび，血清型による細菌の分類が可能となっている．この方法は，細菌の分類だけでなく，腸内細菌および類似菌(ブドウ糖を分解する菌として，サルモネラ菌，赤痢菌，チフス菌，腸炎ビブリオ菌，コレラ菌など)の血清型検査に用いられている．

血清型の決定は，種々の被検菌に特化した各種免疫血清により行う．まず，各種免疫血清と被検菌を混和し，免疫血清と対応する凝集塊を形成させる．この反応を目視にて観察することで血清型を決定する．被検菌は，普通寒天培地やHI

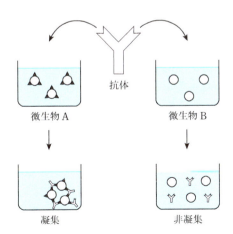

図 9.4 免疫凝集法を用いた微生物の表面抗原解析
▲：抗体と結合する表面抗原

寒天培地(heart infusion agar，栄養要求性の高い微生物のための栄養性の高い汎用増殖培地)に接種した純粋培養菌などを用いる．また，この方法は，患者血清に各種病原性微生物を加えて凝集反応の様子を観察することで，患者の伝染病の診断にも利用されている．

9.3.3 ■ ELISA

　ELISA(enzyme-linked immunosorbent assay)は，抗原−抗体反応と酵素基質反応を組み合わせた検査法で，酵素標識免疫測定法ともよばれる．ELISAには種々の方法が含まれるが，基本的原理としては，抗原または抗体を固相表面に吸着させた後に酵素標識抗体を反応させ，特異的に結合した酵素標識抗体の酵素活性測定を通じて抗原または抗体を検出・定量する方法である．この方法は，高感度免疫測定法として現在もっともよく用いられる．ELISAは不純な試料に含まれる特定のタンパク質濃度を，簡単な操作で感度よく検出することができる．またこの方法は，目的のタンパク質の定量のみならず，特定タンパク質と他の分子の相互作用の分析や，細胞膜受容体へのリガンド分子の結合の分析(細胞ELISA)にも利用できる．最近開発された抗体チップや細胞アレイなどもELISAの変法といえる．ここでは，二重抗体サンドイッチ法による抗原の定量を例にとって説明する(図9.5)．

　二重抗体サンドイッチ法では，同一抗原上の互いに異なる部位を認識する2種類のモノクローナル抗体を使用する．反応の場となる固相には，プラスチック製の96穴マイクロタイタープレートが用いられる．マイクロタイタープレートは，8×12個の直径5mm程度の穴(ウェル，well)のあるプラスチックプレートであり，それぞれのウェルの中で，マイクロスケールの反応を独立に行うことができる．そのため，多検体の微量同時測定に非常に便利である．

　まず，目的のタンパク質に対する1つめの抗体(一次抗体)をウェル内の底面(固相)に固定化させた後，余分な一次抗体を洗浄除去する．ついで，ウシ血清アルブミン(BSA)やスキムミルクといった抗原−抗体反応に無関係なタンパク質を用いて，抗体が未結合の領域をブロックする．このブロッキングの操作は，後に加える二次抗体の非特異的吸着を防止する意味で重要である．その後，調べたい抗原を含む検体を添加し，固相に固定化した一次抗体と反応させる．洗浄の後，標識として酵素を結合した2つめの抗体(二次抗体)を添加して，抗体−抗原−抗体

9.3 抗体による抗原の検出と定量

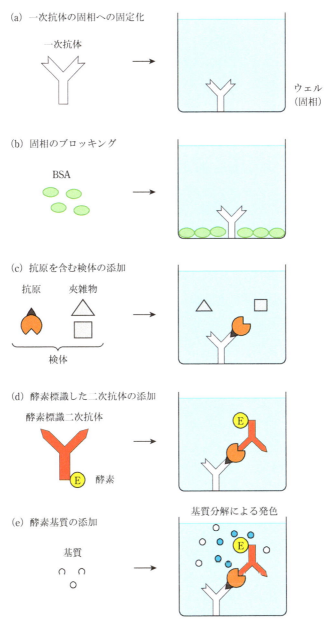

図 9.5 二重抗体サンドイッチ法による ELISA の原理

のサンドイッチ構造を形成させる（この段階では，一次抗体を介して固相に固定化された抗原に対して，酵素標識した二次抗体が結合した状態にある）．余分な二次抗体を洗浄除去した後，標識に用いた酵素の基質を加え，酵素反応により生じた生成物の発色を分光光度計で測定することにより検体中に含まれる抗原量を間接的に定量する．サンドイッチ法は，目的タンパク質を2種類のモノクローナル抗体を用いて検出するため，特異性が非常に高い方法である．一般に，二次抗体の標識には西洋ワサビペルオキシダーゼ（horse radish peroxidase, HRP）やアルカリ性ホスファターゼ（alkaline phosphatase, AP）といった酵素が用いられる．

　HRPの検出には，発色法と化学発光法がある．代表的な発色試薬としては，ジアミノベンジジン（DAB）があげられる．これは褐色に発色する試薬で，比較的感度が高い．しかし，発がん性があるため，注意して取り扱わなければならない．最近では，DAB法に代わって化学発光法がもっとも標準的な方法となってきている．化学発光法では，メンブレンを反応液で処理した後，発光をX線フィルムもしくは冷却CCDカメラで検出する．高感度でコントラストもよく，写真にも写りやすい．

9.3.4 ■ ウエスタンブロット法

　ウエスタンブロット法（Western blot analysis）は，抗原タンパク質を含む検体試料をSDS-ポリアクリルアミドゲル電気泳動（8.6.1項参照）に供した後，ゲル中のタンパク質をニトロセルロース製のメンブレンフィルターに転写し，抗体を用いて抗原タンパク質を検出する方法である．目的のタンパク質に対する抗体が入手できれば，試料中に含まれる目的タンパク質を容易に高感度で検出することができる．

　タンパク質を転写したメンブレンフィルターは，後に加える抗体との非特異的吸着を防ぐために，タンパク質が未結合の領域をブロックする必要がある．ブロッキング試薬としては，1～3％のBSA，界面活性剤であるTweenを含むリン酸緩衝生理食塩水（Tween-PBS），スキムミルク含むTween-PBSなどが用いられる．Tweenのような界面活性剤は，メンブレンフィルターの疎水性部分に吸着して，非特異的吸着を効果的にブロックする．なお，スキムミルク含むTween-PBSは，ブロックの効果がより強力であるためによく用いられるが，特異的反応まで抑えられる場合があり，注意が必要である．その後，目的の抗原タ

ンパク質に対する抗体（一次抗体）を含む溶液を添加し，メンブレンフィルター上に固定した抗原タンパク質と反応させる（図9.6）．洗浄後，標識として酵素（HRPやAP）を結合した2つめの抗体（二次抗体）を添加し，一次抗体と反応させる．これら酵素を標識した抗体は市販されており，一次抗体がウサギの産生する抗体の場合は，二次抗体には酵素標識した抗ウサギIgGを用いる．一方，一次抗体がマウスの産生する抗体の場合は，二次抗体には酵素標識した抗マウスIgGを使用する．

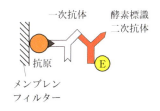

図9.6 ウエスタンブロット法における検出の原理

　ウエスタンブロット法は，ゲル電気泳動により分離したタンパク質に対して検出を行うため，抗原タンパク質の分子量や検体試料に含まれる量などの情報を得ることができ，上述のほかの方法よりもすぐれているといえる．また，無修飾のペプチド配列だけでなく，特定部位にリン酸化を受けたペプチド配列やリン酸化アミノ酸そのものを認識する抗体が比較的容易に作製されるようになったこともあり，特定のタンパク質間相互作用を解析したり，タンパク質のリン酸化を検出したりすることが可能となっている．しかしながら，ゲル電気泳動泳動後の変性した抗原タンパク質を用いるため，その高次構造を認識するような抗体は使用できない点に注意を要する．また，陽性バンドが検出されたら，それが目的タンパク質のものかどうかを検討しなければならない．予想分子量と合致しているかどうかでほぼ見当がつくが，糖鎖の結合やプロテアーゼによる分解のため，アミノ酸配列から推定される分子量とは異なる位置に陽性バンドを与えることもある．また，予想分子量のところに非特異的結合によるバンドが出現し，「ぬか喜び」となることもあるため，慎重に検討しなければならない．

　検出された陽性バンドが目的タンパク質によるものであることを確認するためには，吸着実験とよばれる実験がもっとも望ましい．これは，一次抗体溶液にあらかじめ抗原を混ぜておき，それをそのまま抗原-抗体反応に用いる実験である．目的タンパク質が抗体に特異的に結合しているのであれば，抗原を混合した抗体を用いて検出した際に，陽性バンドが消失するはずである．しかしながら，この実験は，精製した抗原が大量に必要となるため，実際には困難な場合が多い．

9.4 ■ 抗体を用いた抗原の精製

抗体は，抗原分子に特異的に結合する．この性質により，抗原-抗体反応はタンパク質の効果的な分離・分析手段として広く利用されている．生体物質の示す特異的な親和性を利用したクロマトグラフィーは，**アフィニティークロマトグラフィー**（affinity chromatography）とよばれ，もっとも効果的なタンパク質精製法の1つである．なかでも，抗体を不溶性担体に固定化した抗体カラムを用いるアフィニティークロマトグラフィー（図9.7）は，その代表的な例である．よい抗体を使用すれば，簡単な操作で効率よく目的タンパク質を精製できる．ただし，抗体が目的の抗原タンパク質に対して十分な親和性をもつことが重要な条件である．実験を始める前には，ELISAや免疫沈降法などで抗原分子に対して十分に結合することを確認すべきである．

抗体を担体に固定化したものをカラムに充填した後，抗原を含む試料溶液を流し，抗原だけをカラムに特異的に吸着させる．吸着後の抗原は，カラム内のイオン強度やpHを変化させることにより，カラムから溶出できる．この方法を用いれば，どんなに夾雑物が多い試料からも，単一ステップで抗原の精製が可能となる．

(a) 抗体の不溶性担体への固定化

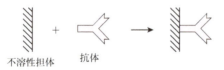

(b) 試料中の抗原の吸着

(c) 抗原の溶出

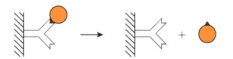

図 9.7 抗原-抗体反応を利用したアフィニティークロマトグラフィー

狂牛病の確定診断（BSE 検査）

　狂牛病（牛海綿状脳症：bovine spongiform encephalopathy, BSE）とは，牛の脳や脊髄などに異常プリオンとよばれるタンパク質が蓄積し，脳がスポンジ状になる病気である．発症すると，異常行動や運動失調などを起こして，最終的に死に至る．1986 年にイギリスで初めて BSE の症例が報告されて以降，世界中に拡大した．日本でも飼料規制や BSE 発生国からの牛肉およびその加工品などに対する輸入規制を開始したが，2001 年 9 月に初めて BSE 感染牛が国内で確認されたことを受けて，翌 10 月からは国産牛を対象とした BSE 対策の強化が行われている．このうちの 1 つが BSE 検査である．

　BSE 検査とは，安全な牛肉かどうかを確認するために出荷される牛の脳から試料を採取し，異常プリオンの検出，病理的検査（病理組織学的検査および免疫組織化学的検査）を行うものである．この異常プリオンの検出に，ELISA 法とウエスタンブロット法が使用されている．現在日本では，ELISA 法を一次スクリーニング検査として用い，そこで陽性と判断されたものについて，ウエスタンブロット法と病理的検査が行われている．ELISA 法とウエスタンブロット法はともに，試料をタンパク質分解酵素で処理した後，抗プリオン抗体を用いて異常プリオンを検出する．プリオンは正常な動物でも発現しており（正常プリオンとよばれる），何らかの理由で異常プリオンに変化する．正常プリオンはタンパク質分解酵素によって加水分解を受けるが，異常プリオンはタンパク質分解酵素に対して抵抗性が高く，分解酵素を作用させてもコアの部分が残る．これを酵素標識抗体によって検出する．そして，ELISA 法で陽性となった検体は，その後ウエスタンブロット法でさらに解析される．ELISA 法では，一度に迅速・簡便に多検体を調べることができるため，スクリーニング検査に適している．しかしながら，タンパク質分解酵素で分解されずに残った正常プリオンや，非特異的に抗体に結合したタンパク質も陽性として検出される場合があり，その場合は擬陽性となる．一方，ウエスタンブロット法では，ゲル電気泳動により分子量の違いを利用して異常プリオンを分離し，酵素標識抗体によって検出する．この場合，BSE 感染牛では，分子量の異なる 3 本のバンドとして異常プリオンが検出できる．ウエスタンブロット法は，分子量の情報を得ることができるため，ELISA 法で陽性として検出されたものが，正常プリオンであったのか，もしくは非特異的に結合したタンパク質であったのかを判断することができる．すなわち，BSE 検査では，ELISA 法，ウエスタンブロット法の良いところを組み合わせて異常プリオンの検出を行っているのである．なお，この検査は，2001 年 10 月の開始当初は全頭検査を行っていたが，その後世界中での BSE 対策の結果，BSE 感染リスクが大きく低下したことを受けて，2013 年 7 月から対象月齢が 48 ヶ月に引き上げられている．

参考書・参考資料

- 神奈川県衛生研究所ホームページ：http://www.eiken.pref.kanagawa.jp/
  → 血清型による細菌の分類について詳しく載っている．
- 岡田雅人，三木裕明，宮崎 香 編，無敵のバイオテクニカルシリーズ，改訂第4版，タンパク質実験ノート（下），タンパク質を調べよう，羊土社（2017）
  → 抗体の調製について詳しく書かれている．
- 政府広報オンライン（内閣府大臣官房政府広告室ホームページ）「暮らしに役立つ情報」
- 井川 史，生活衛生，**46**, 129-136（2002）
  → 上の2つはコラム「狂牛病の確定診断（BSE検査）」の参考資料．

第10章 遺伝子工学的手法

　DNAを加工し新たな塩基配列をもつDNAを作る技術が**遺伝子工学**(genetic engineering)である．ある生物からDNAを取り出し，他の生物のDNA分子(ベクターなど)に連結した組換えDNA分子を作製し，大腸菌や酵母，動物細胞などへ導入する実験は，「遺伝子組換え実験」や「組換えDNA実験」などとよばれる．

　1960年代後半から1970年代前半にかけて，DNAの連結酵素や切断酵素の発見，微生物細胞への高分子DNA導入技術の開発などがなされ，遺伝子工学の基本技術が確立された．微生物遺伝子の構造や機能などを明らかにしようとする微生物学の基礎研究の分野においても，遺伝子工学は重要な基盤技術の1つとなっている．遺伝子工学技術のための試薬はキット化されて市販され，方法はマニュアル化されているものもある．しかしながら，実験がうまくいかないときにその原因を考えるためには，基本的な原理を理解しておくことが不可欠である．本章では，微生物実験で用いられる遺伝子工学的手法を中心に概説する．

10.1 ■ 遺伝子工学で用いられる酵素

　遺伝子工学では，DNAの加工，いわゆる「DNAの切り貼り」を目的として種々の酵素が用いられる．遺伝子工学技術の発展は，これらの酵素の発見によるところが大きい．さまざまなDNA加工技術が開発されているが，用いられる酵素のうち特に重要な酵素について以下に述べる．

10.1.1 ■ 制限酵素

　DNAを切断する酵素は，一般的にヌクレアーゼ(nuclease)とよばれ，DNA鎖の内部を切断するエンドヌクレアーゼ(endonuclease)とDNA鎖の末端からヌクレオチドを切り出していくエキソヌクレアーゼ(exonuclease)の2種類がある．エンドヌクレアーゼである**制限酵素**(restriction endonuclease)は，大腸菌におけ

第10章　遺伝子工学的手法

表10.1　種々の制限酵素

認識塩基対数	制限酵素名	認識配列と切断部位	生産菌
8	NotI	5′-GCGGCCGC-3′ 3′-CGCCGGCG-5′	*Norcardia otitidis-cariarum*
7	BstEII	GGTNACC CCANTGG	*Bacillus stearothermophilus* ET
6	EcoRI	GAATTC CTTAAG	*Escherichia coli* RY13
	BamHI	GGATCC CCTAGG	*Bacillus amyloliquefaciens* H
	HindIII	AAGCTT TTCGAA	*Haemophilus influenzae* Rd
	PstI	CTGCAG GACGTC	*Providencia stuartii* 164
	SmaI	CCCGGG GGGCCC	*Serratia marcescens* Sb
5	HinfI	GANTC CTNAG	*Haemophilus influenzae* Rf
4	HaeIII	GGCC CCGG	*Haemophilus aegyptius*
	Sau3AI	GATC CTAG	*Staphylococcus aureus* 3A
	TaqI	TCGA AGCT	*Thermus aquaticus* YT-1

Nは任意の塩基を示す．

るλファージ（大腸菌に寄生するウイルス）の増殖研究において見いだされた．λファージは大腸菌の野生株C株で増殖するが，別の野生株であるK株ではほとんど増殖しない．これはK株に侵入したファージのDNAがK株がもつ制限酵素による切断を受けるためである．この現象を**制限現象**とよび，<u>制限酵素という名称は，この制限現象に由来している</u>．一方，K株はDNAをメチル化する修飾酵素を有しており，この修飾を受けたDNAはK株自身がもつ制限酵素による切断を免れる．すなわち，制限現象は，自己のDNAは切断せずに外来のDNAだけを切断する，微生物に備わった生体防御機構といえる．

　種々の微生物から制限酵素が分離精製されている（表10.1）．制限酵素の呼称には一定の規則があり，制限酵素名からその生産菌を知ることができる．例えば，EcoRI（「エコ・アールワン」と読む）という名称は，その生産菌である大腸菌*Escherichia coli*の属名のEおよび種名のcoに由来している．以前は，制限酵素生産菌の学名に由来する最初の3文字はイタリック体で表記し，そのあとの部分

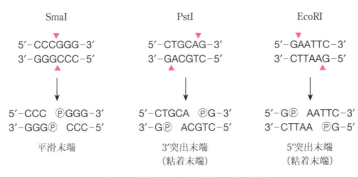

図 10.1 制限酵素の認識配列と切断様式
Ⓟ：5′末端リン酸基

(株名を示したアルファベットや数字とその株の何番目の制限酵素かを表すローマ数字の部分)はブロック体で表記することとなっていたが，現在はすべてブロック体で表記することになっている．制限酵素には，I型やII型などのタイプがあり，I型は認識した配列とは離れた別の位置を切断する酵素，II型は認識した配列の内部で切断する酵素である．遺伝子工学ではほとんどII型の制限酵素が用いられる．

　制限酵素は，DNA中の特定の塩基配列を認識し，ホスホジエステル結合を加水分解する．切断に際しての認識配列は4塩基対から8塩基対程度と多種多様であるが，いずれも回文(パリンドローム，palindrome)構造をとる(表 10.1)．4塩基対認識の制限酵素の認識配列がDNA分子内に現れる頻度は$1/4^4$(256塩基に1つ)，6塩基対認識の酵素の場合$1/4^6$(4,096塩基に1つ)，そして8塩基対認識の酵素では$1/4^8$(65,536塩基に1つ)と計算される．したがって，通常の遺伝子クローニングを目的とした場合には4〜6塩基対認識の制限酵素が，そしてゲノム解析のような目的に際しては，巨大なDNA断片を生じる8塩基対認識の制限酵素が用いられる．制限酵素切断により生じるDNA断片の末端の構造は，5′末端あるいは3′末端が突出した**粘着末端**(cohesive end)と突出のない**平滑末端**(blunt endまたはflush end)に分けられる(図 10.1)．

　制限酵素は不適切な反応条件では，認識配列の厳密性が低下し，認識配列以外の配列を切断することがある．このような活性を**スター活性**(star activity)という．一般的には，高濃度の酵素やグリセロール，Mg^{2+}以外の金属イオンやジメ

チルスルホキシド（DMSO）の存在，高い pH などがスター活性の原因となる．

10.1.2 ■ DNA リガーゼ

　DNA の連結を行う酵素が **DNA リガーゼ**（DNA ligase）であり，DNA 鎖の 3′ 末端のヒドロキシ基と 5′ 末端のリン酸基とをホスホジエステル結合で連結する反応（ライゲーション）を触媒する（図 10.2）．大腸菌由来の DNA リガーゼは，ニコチンアミドアデニンジヌクレオチド（nicotinamide adenine dinucleotide, NAD）を要求する．また，T4 ファージ由来の DNA リガーゼは，アデノシン 5′-三リン酸（adenosine 5′-triphosphate, ATP）を要求する．連結する DNA の末端が粘着末端か平滑末端かによって連結効率は大きく異なり，粘着末端では互いに相補的な塩基配列をもつ一本鎖部分が突出しており，一本鎖間の水素結合形成を経て，DNA リガーゼにより容易に再結合される．異なる制限酵素による切断で生じた粘着末端どうしは，突出部分の配列が互いに相補的でないため，DNA リガーゼで連結されない．ただし，BamHI と Sau3AI のように，突出部分の配列が互いに相補的である場合には，その限りではない．この場合，連結はできても，後にもとの制限酵素で切断できるとは限らない点に注意を要する．一方，平滑末端を有する DNA 断片の DNA リガーゼによる連結効率は粘着末端の場合より低いが，末端の配列によらない連結が可能となる．大腸菌 DNA リガーゼは平滑末端の連結効率が非常に低いので，粘着末端間および平滑末端間の連結のいずれの反応も

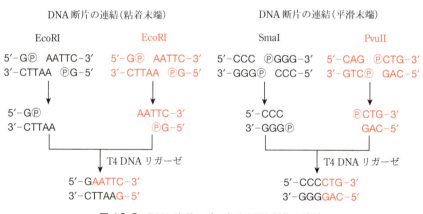

図 10.2　DNA リガーゼによる DNA 断片の連結
　　　　　Ⓟはリン酸基を示す．

効率よく行うことができるT4 DNAリガーゼが汎用されている.

外来DNAとベクターDNAとの連結を行う場合には，あらかじめベクターDNAを**ホスファターゼ**(phosphatase)で処理し，5′末端のリン酸基を外しておくとよい．ベクターDNAを脱リン酸化しておくことにより，ベクターDNA間の連結を防ぐことができ，ベクターDNAと外来DNAとの連結効率が向上する．ホスファターゼとしては，大腸菌由来のアルカリ性ホスファターゼ(bacterial alkaline phosphatase, BAP)や子ウシ小腸由来のアルカリ性ホスファターゼ(calf intestine alkaline phosphatase, CIAP)が用いられる．BAPやCIAPは外来DNAの5′末端のリン酸基も除去するため，ベクターDNAの脱リン酸化後，DNAリガーゼで外来DNAとベクターDNAを連結する際はこれらのアルカリ性ホスファターゼを除去もしくは失活させる必要がある．特に，BAPは安定性が高く，フェノールを用いた除去(フェノール処理)を複数回行う必要がある．南極から分離された低温性細菌由来のアルカリホスファターゼ(antarctic phosphatase, AnP)は，耐熱性が低いため熱処理によって容易に失活させることができ，便利である．一方，合成DNAのように，もともと5′末端にリン酸基をもたないDNAどうしを連結する際には，**T4ポリヌクレオチドキナーゼ**(T4 polynucleotide kinase)を用いて，あらかじめ5′末端にリン酸基を導入しておく必要がある．

10.1.3 ■ DNAポリメラーゼ

DNAの複製反応を触媒する酵素は**DNAポリメラーゼ**(DNA polymerase)である．大腸菌のDNAポリメラーゼIは，5′→3′DNAポリメラーゼ活性，3′→5′エキソヌクレアーゼ活性，5′→3′エキソヌクレアーゼ活性の3つの活性をもっている．大腸菌のDNAポリメラーゼIをタンパク質分解酵素ズブチリシンで切断してできる断片の1つにクレノウ断片(Klenow fragment，クレノウ酵素ともよばれる)がある．クレノウ断片は5′→3′エキソヌクレアーゼ活性を欠いているため，DNAの不必要な分解を抑えることができ，単にDNAの複製が必要な場合には，クレノウ断片が用いられる．T4ファージのDNAポリメラーゼも大腸菌DNAポリメラーゼと同様な活性を有しているが，とりわけ3′→5′エキソヌクレアーゼ活性が高く，しばしば3′突出(粘着)末端の平滑化に利用される．

高度好熱性細菌や超好熱性古細菌由来のDNAポリメラーゼは耐熱性が高いため，PCR法(10.9節参照)によるDNAの増幅に利用されている．PCR法が提唱さ

れた後は，高度好熱性細菌 *Thermus aquaticus* 由来の Taq DNA ポリメラーゼが広く利用されていた．しかし，この酵素は DNA 複製時の校正機能を欠くため，現在では Taq DNA ポリメラーゼよりも正確性，DNA 合成速度，耐熱性にすぐれた超好熱性古細菌由来の DNA ポリメラーゼが汎用されている．Taq DNA ポリメラーゼは，むしろ校正機能を欠くことを利用して，PCR 法の条件を工夫した突然変異の誘発に使用されている（エラープローン PCR, error-prone PCR）．

10.1.4 ■ その他の酵素

mRNA を鋳型として DNA の相補鎖を合成する酵素は**逆転写酵素**（レトロウイルス由来, reverse transcriptase）とよばれる．逆転写酵素は，mRNA と相補的な配列をもつ cDNA（complementary DNA）の合成に用いられる．利用例として，cDNA クローニング，マイクロアレイ法，逆転写 PCR, RNA の塩基配列解析などがある．転写開始点の決定のためには DNA の一本鎖部分を分解する S1 ヌクレアーゼ（S1 nuclease）という酵素が用いられる．

上述の酵素は市販されており，関係情報が記載されたカタログが各酵素メーカーより配布されているので，入手しておくと便利である．

10.2 ■ 染色体 DNA の抽出

微生物菌体から染色体 DNA を抽出する方法は確立されており，グラム陽性菌と陰性菌など，微生物の種類により方法が若干異なる場合があるものの，基本的には以下の処理を施す．まず，菌体を遠心分離などにより集めた後，リゾチーム処理で細胞壁を分解する．続いて，ドデシル硫酸ナトリウム（SDS）のような界面活性剤を加えて溶菌させ，同時にタンパク質分解酵素であるプロテイナーゼ K（proteinase K）を加えてタンパク質を分解する．プロテイナーゼ K は 1％程度の SDS 存在下においても失活せず活性を示す．さらに，溶菌液にフェノールを加えてタンパク質を変性させ，遠心分離を行う．変性したタンパク質は，水層（上層）とフェノール層（下層）の中間層に蓄積する．DNA を含む水層を分取し，RNA 分解酵素であるリボヌクレアーゼ A（RNase A, ribonuclease A）を加えて，夾雑する RNA を分解する．再度フェノール抽出を行ってタンパク質を除去した後，氷冷したエタノールを 2〜3 倍量加え，染色体 DNA をゆっくりとガラス棒に巻き

付けて回収する．得られた糸状の染色体 DNA は，EDTA(ethylene diamine tetra acetic acid)を含む緩衝液に溶解させた後，定量しておく．EDTA は，DNA 分解酵素(deoxyribonuclease，DNase)の補因子である金属イオンをキレートし，DNA の分解を防ぐために添加される．

核酸の定量法としては，多くの方法が確立されているが，溶液の吸光度を測定する簡便法が広く用いられている．この方法は，核酸塩基が紫外領域(260 nm 付近)に強い吸収を有することを利用したものである．塩基配列や測定 pH によっても多少変動するが，平均的な二本鎖 DNA を考えた場合，A_{260}(260 nm における吸光度)=1 が約 50 µg/mL に対応する(表 A.4 参照)．タンパク質も紫外領域(280 nm 付近)に強い吸収をもつため，精製度の低い DNA 試料の定量には注意を要する．純粋な核酸溶液の場合，A_{260} と A_{280} との比率(A_{260}/A_{280} 値)が 1.8 程度になるはずであり，これが純度の目安となる．

染色体 DNA 調製にあたっては，タンパク質などの夾雑物が少なく，鎖長の長い DNA を得ることが重要である．ピペッティング操作の際の DNA のせん断(物質をはさみ切るような力(せん断応力)により DNA が切断されること)を防ぐため，先端を太く加工したようなチップを用いたほうがよい．また，フェノール抽出を行う際には，なるべく穏やかに混合するよう努めるべきである．さらに，乾燥させた DNA を水に溶解させる場合，試験管ミキサーなどで激しく撹拌することは避け，長時間静置して穏やかに溶解させる必要がある．DNA はガラスに吸着しやすいため，あらかじめシリコンによる被覆処理を施したガラス器具ないしはプラスチック製の器具を使用する．そして，DNA 分解酵素の混入を防止するために，必要に応じてビニール製やプラスチック製の手袋を着用するとよい．上述の方法により得られた染色体 DNA は，遺伝子ライブラリーの作製やゲノム解析などの目的に用いることができる．

10.3 ■ 大腸菌のためのベクター

10.3.1 ■ 宿主とベクター

宿主(host)とは遺伝子が導入される細胞のことであり，ここでは大腸菌がそれにあたる．外来 DNA を宿主細胞に導入する際に，運搬体の役目を果たす DNA を**ベクター**(vector)という．

第10章 遺伝子工学的手法

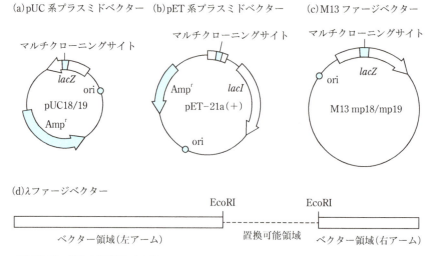

図 10.3 各種大腸菌用ベクター
Amp^r：アンピシリン耐性遺伝子，ori：複製開始点，lacZ：3′末端側を欠損した大腸菌 β-ガラクトシダーゼ遺伝子，lacI：大腸菌 lac リプレッサー遺伝子，マルチクローニングサイトには，EcoRI や HindIII などの複数の制限酵素で切断可能な制限酵素切断部位が多数含まれている．

現在用いられているベクターは，プラスミドベクターとファージベクターとに大別される（図10.3）．ベクターとプラスミドは同義のものとして扱われることが多いが，厳密にいうと意味が異なる．ベクターは上述のように外来DNAを組み込んで運搬するDNAであり，プラスミドは染色体DNAとは独立して自律的に複製される遺伝因子の総称である．DNAの単離と増幅を目的として使用されるベクターはクローニングベクターとよばれ，タンパク質の発現に使用するベクターは発現ベクターとよばれる．

10.3.2 ■ プラスミドベクター

プラスミドベクター（plasmid vector）の要件としては，以下のようなことがあげられる．
(1) 宿主細胞内で自己複製が可能であること．
(2) ベクターが宿主に導入されたか否かを判断するためのマーカー（例えば，薬剤耐性や栄養要求性など）を有していること．

column　pUC系プラスミド

pUC系プラスミドを用いると，挿入DNA断片の有無をコロニーの色の変化で判別できる．pUC系プラスミドは1細胞当たり500〜700のプラスミドが保持される多コピープラスミドであり，小スケールの培養液からでもかなりの量のプラスミドが調製できる．その特徴を利用して通常のサブクローニング実験やプラスミドの大量調製に用いられている．pUC系プラスミドはJ. Messingらによって作製され，1981年に報告された．pUCのUCは，プラスミドの研究がカリフォルニア大学デービス校に滞在している間に始められたことから，University of Californiaに由来する．また，*Principles and Techniques of Biochemistry and Molecular Biology*（Cambridge University Press，生化学と分子生物学の教科書）によると，pはplasmidのpではなく，「produced at University of California」のpであるそうだ．

(3) 外来DNAを連結するための制限酵素切断部位（**クローニングサイト**，cloning site）を有すること．

プラスミドは，環状の二本鎖DNA分子であることが多い．大腸菌用のプラスミドベクターとしては，pUC系プラスミドベクターが有名である．pUC系プラスミドは，薬剤耐性マーカーと複製のためのクローニングサイトを有しており，大腸菌の菌体あたり500〜700コピー程度存在する．プラスミドベクターは，宿主細胞にほとんど影響を与えずに複製するため，比較的小さいDNA断片のクローニングや外来タンパク質の生産の際に多用される．また，タンパク質を高発現させるために，pET系プラスミドベクターが広く使用されている．pET系プラスミドベクターを用いるpET発現システムは，pET系プラスミド上にあるバクテリオファージ由来のT7プロモーターの下流に目的遺伝子をクローニングし，大腸菌にタンパク質を発現させるシステムである．タンパク質の発現に用いる大腸菌の染色体には，T7 RNAポリメラーゼの遺伝子が組み込まれており，イソプロピル β-チオガラクトシド（isopropyl β-thiogalactopyranoside, IPTG）を添加すると，T7 RNAポリメラーゼの厳密な発現コントロールと高い活性などにより，高レベルでタンパク質が発現する．IPTGにはラクトースオペロンにおけるラクトースと同じラクトースプロモーターの誘導効果がある．タンパク質発現を最適化するためには，培地組成やIPTG添加などの条件を検討する必要があるが，fMetの遊離やタンパク質の安定性などについても考慮する必要がある

> **column** **fMet の遊離とタンパク質の安定性**
>
> (1) 組換えタンパク質の N 末端から 2 番目のアミノ酸(メチオニンに隣接するアミノ酸)は，メチオニンアミノペプチダーゼによる N 末端の fMet の遊離を決定する．
> ・His, Gln, Phe, Met, Lys, Tyr, Trp, Arg：fMet はほとんど遊離しない
> ・その他のアミノ酸：fMet の 16%〜97% が遊離する
>
> (2) 組換えタンパク質の N 末端アミノ酸は，そのタンパク質の大腸菌菌体内での安定性に影響を与える．
> ・Arg, Lys, Phe, Leu, Trp, Tyr：タンパク質の半減期は 2 分間
> ・その他のアミノ酸：タンパク質の半減期は 10 時間以上
>
> [pET System Manual(メルク(株)の資料を改変]

(コラム参照)．

なお，1 つの宿主細胞に同一の**複製開始点**(**ori**)をもつプラスミドは 1 種類しか安定に保持されず，この現象は**不和合性**(incompatibility)とよばれる．1 つの宿主細胞に複数種類のプラスミドを保持させようとした場合，異なる複製開始点をもつプラスミドを組み合わせて使用する必要がある．

10.3.3 ■ ファージベクター

バクテリオファージは細菌に寄生するウイルスのことであり，プラスミドと同様にベクターとして用いることができる(図 10.3)．大腸菌用の**ファージベクター**(phage vector)としては，M13 ファージベクター(一本鎖線状および二本鎖環状 DNA)や λ ファージベクター(二本鎖線状 DNA 構造)などが多く用いられる．M13 ファージ感染菌からは容易に一本鎖 DNA が調製できるため，以前は M13 ファージベクターはジデオキシ法による DNA の塩基配列決定(10.8.1 項参照)のための鋳型の調製に用いられてきた．一方，λ ファージベクターは，ファージの感染系を利用するため遺伝子導入の効率が高く，比較的大きな DNA 断片を挿入できることから，遺伝子クローニングなどに有効である．

λ ファージは大腸菌の外膜タンパク質 LamB を，そして M13 ファージは大腸菌の F 線毛(性線毛)を認識して感染する．F 線毛は染色体ではなく，F プラスミ

ド(F因子)にコードされる．したがって，M13ファージベクターの使用に際しては，あらかじめ用いる宿主にFプラスミドの脱落がないか調べておく必要がある．

10.4 ■ 大腸菌への遺伝子導入

10.4.1 ■ プラスミドによる形質転換

　プラスミドを細胞へ導入して，その細胞の遺伝性の形質を変化させることを**形質転換**(transformation)という．プラスミドにより細胞を形質転換するためには，細胞に化学的あるいは物理的な処理を施し，DNAを取り込みやすくさせる必要がある．対数増殖期の大腸菌を塩化カルシウム水溶液で処理した場合，Ca^{2+}イオンが細胞膜と相互作用し，その結果，DNAを取り込みやすい状態が誘導される．このような状態を**コンピテント**(competent)とよび，コンピテントな大腸菌を用いることにより，1 μgのプラスミドDNAあたり$10^6 \sim 10^7$程度の形質転換体(形質転換された細胞)が得られる．この方法(**塩化カルシウム法**)は広く一般的に普及しているが，必ず対数増殖期の新鮮な菌体を用いること，そしてすべての操作は低温で迅速に行うことが重要である．塩化カルシウムの代わりに，塩化ルビジウムを用いる方法もある．また，DNA存在下で細胞に電気パルスを与えて一過的に細胞膜に孔を開けることにより，DNAを細胞内に導入する方法(**エレクトロポレーション法**, electroporation)も開発されている．エレクトロポレーション法では専用の装置が必要となるが，塩化カルシウム法と比べて高い形質転換効率が得られることが多い．

10.4.2 ■ ファージを用いた形質導入

　ファージの細胞への感染によっても遺伝子の移入が起こる．これを**形質導入**(transduction)という．外来DNAを連結した組換えλファージDNAをそのまま大腸菌に形質導入することはできず，ファージ粒子に封入した形で用いる必要がある．組換え後のファージDNAを，ファージ粒子の外殻を構成するタンパク質と in vitro で混合することにより，ファージ粒子が自発的に再構成される．この操作を in vitro パッケージング(in vitro packaging)という．この際に用いるファージ粒子外殻タンパク質は in vitro パッケージングキットとして市販されている．

得られたファージ粒子を大腸菌と混合することによって，ファージの感染が起こる．ファージと大腸菌との混合物を寒天培地上で培養した場合，未感染の大腸菌しか生育しないため，形質導入体は透明な**溶菌斑**(**プラーク**，plaque)として検出できる．ファージベクターによる遺伝子導入の効率はプラスミドベクターよりも高く，1μgのファージDNAあたり10^9程度のプラークを得ることができる．

10.5 ■ 遺伝子ライブラリーからのスクリーニング

ある微生物の染色体DNAを制限酵素により断片化し，それぞれをベクターと連結した後，宿主細胞へ導入することにより得られた形質転換体(あるいは形質導入体)の集合体が，**遺伝子ライブラリー**(gene library)である．また，遺伝子ライブラリーの中から，目的とする遺伝子を含むクローンを選び出すことを**スクリーニング**(screening)という．スクリーニングの方法としては，以下のようなものが用いられる．
(1) DNA間またはDNA-RNA間における塩基配列の相補性が高い場合にハイブリッド二重鎖を形成することを利用したハイブリダイゼーション法
(2) 目的遺伝子にコードされるタンパク質のもつ活性を指標に選抜する方法
(3) 目的遺伝子にコードされるタンパク質に対する抗体を利用して，抗体と反応するクローンを選抜する方法

目的とする遺伝子あるいはタンパク質に関する情報に応じて，これらの方法を適宜使い分ければよい．

遺伝子ライブラリーからのスクリーニングに際しては，あらかじめスクリーニングすべきクローン数を見積もっておくとよい．目的とする遺伝子を有するクローンを得るためにスクリーニングすべきクローンの数は，以下の式で計算できる．

$$N = \frac{\ln(1-p)}{\ln(1-f)} \tag{10.1}$$

[N：スクリーニングすべきクローン数，p：目的クローンが得られる確率，f：染色体DNAの長さに対する，ベクターに挿入されるDNA断片の長さの比率]

例えば，4×10^6塩基対のゲノムをもつ微生物の染色体DNAからの遺伝子クローニングを考える．平均4,000塩基対のDNA挿入断片を有する遺伝子ライブラリー

から99％の確率で目的遺伝子を得るためには，約4,600のクローンを調べる必要があることになる．したがって，遺伝子ライブラリーを構成するクローン数がこれより少ない場合は，目的遺伝子が得られる確率が低下する．また，この数を大きく超えるクローンのスクリーニングを行っても目的遺伝子が得られない場合には，遺伝子ライブラリー作製に使用した制限酵素によって目的遺伝子が分断されたなど，遺伝子ライブラリーの「質」に問題があることが考えられる．

10.6 ■ プラスミドDNAの抽出

プラスミドDNAは，**アルカリ-SDS法**（アルカリ変性法）やボイリング法により調製することができる（図10.4）．よく使われるのはアルカリ-SDS法であり，菌体を遠心分離などにより集めた後，エチレンジアミン四酢酸（EDTA）を含む緩衝液に懸濁し，高濃度のSDSとアルカリを含む溶液を加えて，溶菌させる．このとき，タンパク質は変性し，DNAは一本鎖になる．続いて高濃度の酢酸緩衝液で迅速に中和して遠心分離を行う．ゲノムDNAは一本鎖のままタンパク質と

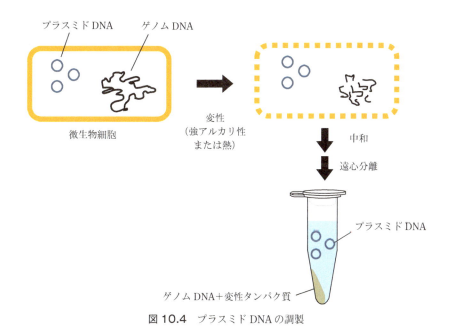

図10.4　プラスミドDNAの調製

凝集して沈殿するが，比較的低分子であるプラスミドDNAは速やかに二本鎖を形成できるので溶液中に残る．プラスミドDNAの純度を高めたい場合には，プロテアーゼ処理やRNase処理を行う．最後に，氷冷エタノールを溶液の2〜3倍量加え，沈殿したプラスミドDNAを遠心分離により回収する(エタノール沈殿)．回収したプラスミドDNAは，適当な緩衝液に溶解させた後，A_{260}/A_{280}値の測定や(10.2節参照)，アガロースゲル電気泳動などにより確認する．

ボイリング法では，菌体懸濁液を沸騰水中で1分程度煮沸する．アルカリ-SDS法の場合と同様に，ゲノムDNAとタンパク質は凝集塊となり，プラスミドDNAは溶液中に残る．ここで生じた凝集塊を遠心分離により沈殿させ，上清中のプラスミドDNAを回収する．先に述べたように，必要に応じてプロテアーゼ処理やRNase処理を行い，エタノール沈殿によりプラスミドDNAを回収する．

10.7 ■ β-ガラクトシダーゼのα相補性

pUC系ベクターなどには，外来DNAが挿入されたことを簡単に識別できるような工夫がなされている．プラスミドには，3′末端側を欠損した**β-ガラクトシダーゼ遺伝子**(*lacZ*)が含まれており，β-ガラクトシダーゼのN末端側(α断片)を発現する．このプラスミドを，5′末端側を欠損した*lacZ*遺伝子をもち，C末端側(ω断片)しか発現できない大腸菌に導入して発現させると，それぞれ独立では不活性な2つの断片が複合体を形成してβ-ガラクトシダーゼ活性が回復する．このβ-ガラクトシダーゼの機能相補を**α相補性**(α-complementation)という(図10.5)．

β-ガラクトシダーゼの発現は，プレートに5-ブロモ-4-クロロ-3-インドリル-β-D-ガラクトピラノシド(5-bromo-4-chloro-3-indolyl β-D-galactopyranoside, X-gal)を加えることにより，青色のコロニーを形成するかどうかでわかる．X-galはβ-ガラクトシダーゼによってガラクトースと5-ブロモ-4-クロロ-3-インドールに分解される．5-ブロモ-4-クロロ-3-インドールは酸化されて，不溶性の青い色素である5,5′-ジブロモ-4,4′-ジクロロインディゴを生成する．培地にはβ-ガラクトシダーゼの発現誘導のためにIPTGも加える．

*lacZ*遺伝子のなかに外来DNAが挿入されたプラスミドを有する大腸菌は，β-ガラクトシダーゼのα断片を合成することができずβ-ガラクトシダーゼ活性を

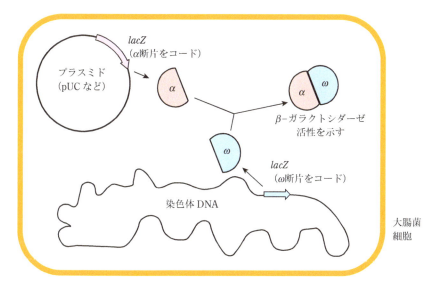

図 10.5 α 相補性の原理
ω 断片しか発現できない大腸菌に α 断片をコードするプラスミドを導入すると，β–ガラクトシダーゼ活性を示すようになる．図には α 断片と ω 断片が結合した β–ガラクトシダーゼの単量体部分しか示していないが，β–ガラクトシダーゼは四量体で活性型となるので注意されたい．

示さないために白い(実際には少し黄色味がかった色)コロニーを形成し，外来 DNA が挿入されていない pUC ベクターが入ったものは，青いコロニーを形成する．この結果，外来 DNA が挿入されたクローンを簡単に識別できる．β–ガラクトシダーゼの α 相補性を利用したコロニーの色による選択は**青白選択**(blue-white selection)とよばれる．

10.8 ■ DNA 塩基配列の決定法

生命の設計図ともいえる DNA の塩基配列には遺伝子の発現制御や遺伝子にコードされるタンパク質のアミノ酸配列などの重要な情報が書き込まれている．このような情報を読み取るための DNA 塩基配列の決定法として，1970 年代に化学分解法(Maxam–Gilbert 法)やジデオキシ法(Sanger 法)が開発された．現在一般に普及しているシーケンサーではジデオキシ法を原理とする塩基配列解析法が用いられている．

10.8.1 ■ ジデオキシ法(サンガー法)

ジデオキシ法(開発者の名前からサンガー(Sanger)法ともよばれる)は, DNA ポリメラーゼにより DNA 鎖が 3′ 方向に伸長していく際に, 基質としてデオキシリボヌクレオシド三リン酸(dNTP, N は任意の塩基)ではなく, ジデオキシリボヌクレオシド三リン酸(ddNTP)が取り込まれると DNA 合成が停止することを利用した DNA 塩基配列の決定法である(図 10.6). ddNTP は, 3′ 末端が−OH ではなく−H であるため, 次の dNTP 分子とホスホジエステル結合が形成できず, 伸長反応が停止してしまう. 例えば, dNTP に ddNTP を一定の比率で加えて伸長反応を行った場合, 種々の位置で伸長反応が停止したさまざまな長さの DNA

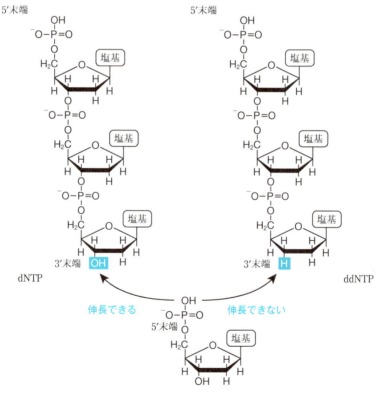

図 10.6 ddNTP の取り込みによる DNA 鎖伸長反応の停止

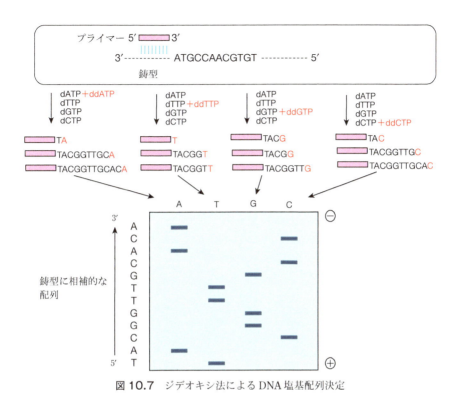

図 10.7 ジデオキシ法による DNA 塩基配列決定

断片が得られることになる．この反応をそれぞれの塩基について行い，反応物を電気泳動により分離すると，泳動パターンから DNA 塩基配列が解読できる（図 10.7）．以前は，電気泳動パターンの解析にはラジオアイソトープ（RI）の使用が不可欠であったが，最近では，4 種類の塩基についてそれぞれ異なる蛍光色素を結合した ddNTP を利用して，取り込まれた塩基（蛍光）をレーザー光で読み取る DNA 塩基配列決定装置（DNA シーケンサー）が用いられる．調製した DNA 断片を，ポリマー樹脂の入ったキャピラリーを用いて，電気泳動を行う蛍光キャピラリーシーケンサーが広く用いられている．

また，以前はシーケンス反応の鋳型には M13 ファージベクターを用いて調製した一本鎖 DNA が用いられていたが，耐熱性 DNA ポリメラーゼの普及にともない，現在は二本鎖のプラスミド DNA を用い高温で伸長反応を行うプロトコールが定番となっている．

10.8.2 ■ 次世代シーケンサー

　高速かつ大量にDNA塩基配列を決定する多様なシーケンサーが開発され，ジデオキシ法を利用した従来の蛍光キャピラリーシーケンサー（第1世代）との対比から，**次世代シーケンサー**（next generation sequencer）とよばれている．次世代シーケンサーでは，電気泳動を行わず，並行して大量のDNA塩基配列を解析できるという特徴がある．1回の運転での数千万〜数千億の塩基数を解読することができる．

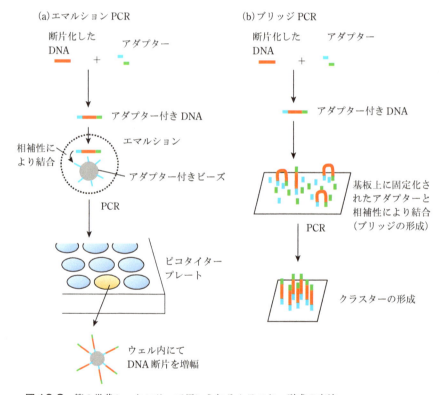

図10.8　第2世代シーケンサーで用いられるクラスター形成の方法
　　　　　(a)エマルションPCR．ビーズに結合したアダプターは，DNA断片に結合したアダプターと相補的な配列を有する．(b)ブリッジPCR．基板上に固定化されたアダプターは，DNA断片に結合したアダプターと相補的な配列を有する．
　　　　　［田村隆明，基礎から学ぶ遺伝子工学，羊土社(2017)，p.187，図12-11を改変］

次世代シーケンサーは，並列化自動逐次解析を行う第 2 世代，非光学検出と 1 分子検出を特徴とする第 3 世代，ナノポア法を用いる第 4 世代などに分類される．第 1 世代では，断片化した DNA をベクターを用いてクローン化するプロセスが必須であった．第 2 世代シーケンサーではこのプロセスがなくなり，DNA 断片にアダプターを結合させて PCR (10.9 節参照) を行うことにより多数のクラスターを生成させて，クラスターごとのシーケンス反応，試薬付加，洗浄を並列かつ逐次的に実施する (図 10.8)．第 2 世代シーケンサーの反応系では，第 1 世代と同様に DNA ポリメラーゼなどによる DNA 伸長反応を用いるが，電気泳動による断片長に応じた解析ではなく，塩基を種類別に加えて反応を行い光学系装置によって取得したデータを逐次解析していく．クラスター生成の際には，エマルション PCR やブリッジ PCR が用いられる．エマルション PCR では，まず，1 種類のアダプター配列を DNA 断片に結合させる．続いて，アダプター付きのビーズと DNA 断片を含むエマルションを生成し，アダプターの相補性により DNA 断片とビーズを結合させる．さらに，エマルション内で PCR により DNA を増幅した後，エマルションごとにピコタイタープレートに移され，シーケンス反応が行われる．ブリッジ PCR においても，エマルション PCR と同様に 2 種類のアダプター配列を DNA 断片のそれぞれ両端に結合させる．この DNA 断片は，アダプターを固定した基板 (スライドガラス) 上に結合してブリッジ構造をとる．この状態で PCR を行い，同一 DNA 断片からなるクラスターを形成させ，シーケンス反応を行う．シーケンス反応には，パイロシーケンス (pyrosequencing) 法や逐次合成シーケンス (sequencing by synthesis) 法などが知られている (図 10.9)．いずれの方法も 1 回の反応ごとに 1 種類の塩基を加えて反応を行い，取り込まれた塩基を同定していく方法である．パイロシーケンス法では，塩基の付加にともなって生成されるピロリン酸 (PPi) を酵素とアデノシン 5′-ホスホリン酸により ATP に変換し，ルシフェラーゼによる発光を検出する．逐次合成シーケンス法では，蛍光標識と保護基が結合した塩基を用いて，1 回の反応ごとに塩基配列 (蛍光) を読み取った後，塩基から蛍光標識と保護基が除かれ，次のサイクルへと進む．

　第 3 世代シーケンサーでは，電気化学的な方法など，光学系を用いない検出原理が用いられており，また PCR による DNA 増幅の前処理を必要としない．DNA 1 分子を鋳型として，1 塩基ごとに反応を検出し同定する．ただし，第 1 世代，第 2 世代と同様に，DNA ポリメラーゼなどによる DNA 伸長反応を必要と

(a) パイロシーケンス法

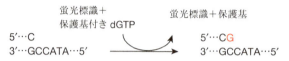

酵素により PPi から変換した ATP をルシフェラーゼによる発光により検出する

(b) 逐次合成シーケンス法

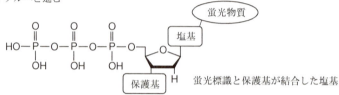

1回の反応ごとに塩基配列(蛍光)を読み取った後，塩基から蛍光標識と保護基が除かれ，次のサイクルへと進む

図 10.9 第2世代シーケンサーで用いられるシーケンス反応
(a)パイロシーケンス法，(b)逐次合成シーケンス法
［田村隆明，基礎から学ぶ遺伝子工学，羊土社(2017)，p.188，図12-12を改変］

する．

　第4世代に分類されるナノポアシーケンスは，DNA 1分子だけが通過できる穴(ナノポア)を用いて塩基の認識を行い，主に電気的に検出し同定する方法である．前処理において PCR による DNA 増幅処理が不要であり，DNA ポリメラーゼなどによる DNA 伸長反応を必要としないなどの特徴がある．

10.8.3 ■ 次世代シーケンサーの応用

　次世代シーケンサーは，微生物ゲノム解析やメタゲノム解析(5.8.3項参照)，RNA-Seq 解析(10.14節参照)などに用いられている．そして，微生物やヒトをはじめ多様な生物種を対象にゲノムの全塩基配列の解読が実施されている．全ゲノム情報の解明は生命現象を網羅的に解析する際の基盤となっている．メタゲノム解析では，不特定多数の微生物を含む試料から，微生物の分離・培養を経ずにゲノム DNA を調製し，一挙に DNA 塩基配列を解析する．これにより，難培養

性微生物のゲノム情報を解析することが可能となり，ヒト腸内細菌叢，土壌中の微生物集団の解析などに用いられている．RNA-Seq 解析では，ゲノム DNA の参照情報が存在せず DNA マイクロアレイ解析（10.13 節参照）ができない生物でも，網羅的遺伝子発現解析が可能となる．

10.9 ■ ポリメラーゼ連鎖反応法による遺伝子の増幅

ポリメラーゼ連鎖反応（polymerase chain reaction, **PCR**）法は，微量の DNA 試料から特定の DNA 領域だけを増幅合成する方法である（図 10.10）．この方法ではまず，目的とする DNA 領域のセンス・アンチセンス両鎖の 3′ 末端側の塩基配列に相補的な 20 塩基程度のオリゴヌクレオチド（プライマー）をそれぞれ化学合成しておく．そして，目的 DNA 領域を含む DNA 試料（鋳型 DNA）を熱変性させて一本鎖とした後，プライマーをアニーリングさせ，さらに DNA ポリメラーゼを用いて相補鎖の合成を行う．「鋳型 DNA の熱変性→プライマーのアニーリング→DNA ポリメラーゼによる相補鎖 DNA の合成」という，この一連の反応を n サイクル繰り返すと，DNA 1 分子から 2^n の分子が合成されることになる．例えば，この反応を 25 サイクル繰り返すと，約 3.3×10^7 の分子が合成され，目的 DNA 領域を 1,000 万倍以上に増幅できる．DNA ポリメラーゼとしては，100℃ 付近の温度でも失活しない耐熱性 DNA ポリメラーゼが用いられる．PCR はきわめて感度が高いため，マイクロピペット内部に残った目的以外の DNA を含む溶液のエアロゾルにより，混入した DNA が増幅される可能性がある．このため綿栓付きチップを使用するのが望ましい．PCR 法は塩基配列が既知である DNA 断片のクローニングなどに汎用されている．

初期においては，校正機能を欠く Taq DNA ポリメラーゼが用いられ，増幅時に間違った塩基が取り込まれるエラーが指摘されていたが，最近では，校正機能を有する超好熱菌由来耐熱性ポリメラーゼが主流となり，エラーの問題は解決されている（10.1.3 項参照）．

Taq DNA ポリメラーゼには弱い末端デオキシヌクレオチジル転移酵素（terminal deoxynucleotidyl transferase, TdT）活性があり，PCR によって合成された産物の 3′ 末端にデオキシリボアデノシン（dA）を 1 塩基付加することがある．PCR 産物をプラスミドにクローニングする際，開環したプラスミドベクターの 3′ 末端

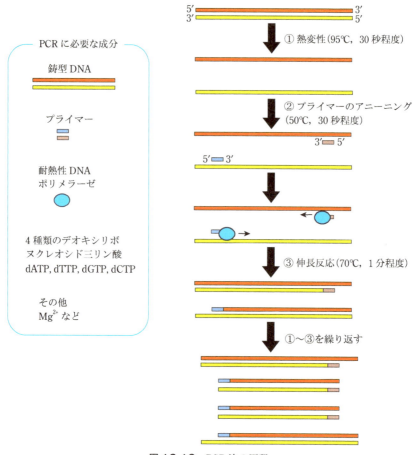

図 10.10　PCR 法の原理

にデオキシチミジン三リン酸(dTTP)が1つ付加されたものを用いると，AとTが水素結合をつくることによって，平滑末端どうしのライゲーションよりもクローニング効率が上がる．このようなクローニング方法は **TA クローニング** とよばれている．超好熱性古細菌由来耐熱性ポリメラーゼは，強い校正機能のために増幅した DNA の末端は平滑末端となっており，PCR 産物をそのまま TA クローニングに用いることはできないので注意が必要である．

10.10 ■ 逆転写 PCR 法

逆転写 PCR(reverse transcription PCR, **RT-PCR**)**法**とは，mRNA を鋳型に逆転写を行い，生成した mRNA と相補的な DNA(cDNA)に対して PCR を行う方法である(図 10.11)．PCR 法は DNA の検出に用いることはできるが，RNA を検出することができない．そこで，mRNA を逆転写によって cDNA に変換し，その cDNA に対して PCR を行う．逆転写には，RNA を遺伝子とするレトロウイルスのもつ逆転写酵素を用いる．この酵素により，mRNA に相補的な cDNA を合成することができる．cDNA の合成にはプライマーが必要であり，真核生物由来の mRNA を用いる場合には，mRNA の 3′ 末端にあるポリ A 尾部に相補的なオリゴヌクレオチド(オリゴ dT)をプライマーとして用いることが多い．また，配列が既知の場合には配列特異的プライマーを用いることもできる．一本鎖 RNA を鋳型としているため，相補的な DNA が合成されると，DNA−RNA のハイブリッドが合成される．続いて，RNA 分解酵素であるリボヌクレアーゼ H (RNaseH) 処理により RNA 部分を除去する．さらに，合成された一本鎖の cDNA を二本鎖にするためのプライマーを用いて DNA ポリメラーゼにより二本鎖 DNA を合成する．合成された二本鎖 DNA を鋳型として用いて PCR により DNA を増幅することができる(10.9 節参照)．増幅された DNA は，mRNA 定

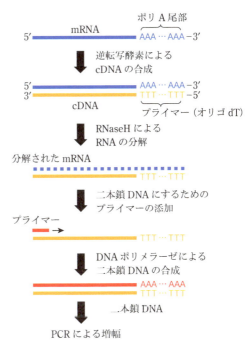

図 10.11　逆転写 PCR 法の原理
図にはポリ A 尾部に相補的なオリゴ dT プライマーを用いる方法について示した．

量のための鋳型やcDNAクローニングのために使用される．未知および既知の試料由来のcDNAを鋳型として一定条件でPCRを行い，アガロースゲル電気泳動によりPCR産物を分離し，既知試料との相対量から未知試料中のRNAを定量する方法がある．ただし，この方法は感度や定量性が低い．

10.11 ■ リアルタイムPCR法

　cDNAを鋳型として一定条件でPCRを行い，アガロースゲル電気泳動した後，未知試料を定量する上で述べた方法は，反応終了後の産物量から鋳型の初期濃度を求めるため，PCR産物がある限度を越えると増幅が停止してしまい，もとのcDNA量を正確に反映できなくなる問題（プラトー効果）がある．この問題を解決するために感度，迅速性および定量性にすぐれた**リアルタイムPCR**（real-time PCR）**法**が考案された．

　リアルタイムPCR法とは，PCR産物の増幅量をリアルタイムでモニターし，増幅率に基づいて鋳型となるDNAの定量を行う方法である．mRNAを定量する

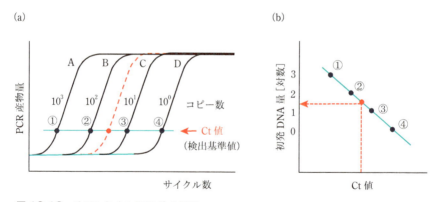

図10.12　リアルタイムPCR法の原理
　　　　(a) PCRのサイクル数とPCR産物量の関係．A〜Dは段階希釈した既知量のDNA試料を用いた増幅曲線を示す．A＜B＜C＜Dの順に初発のDNA濃度は高い．赤い線は未知試料の増幅曲線を表す．①〜④はA〜Dにそれぞれ対応したCt値を表す．
　　　　(b) 検量線．既知量のDNA試料を用いて初発DNA量とCt値の関係を示す検量線を作成することができる．そして，未知試料のCt値から，未知試料の初発のDNA濃度を求めることができる．

場合の鋳型には，逆転写反応により合成された cDNA が用いられる．この方法にはサーマルサイクラーと分光蛍光光度計を一体化した専用の装置が必要である．リアルタイム PCR 法では，特殊な蛍光色素を用いて微量の PCR 産物でも検出できるように工夫されており，PCR 産物の増幅量をリアルタイムでモニターでき，増幅途中の DNA 量を正確に定量することができる．まず，段階希釈した既知量の DNA を用いて PCR を行い，増幅が指数関数的に起こる領域で一定の増幅産物量になるサイクル数(threshold cycle, Ct 値)を横軸に，初発の DNA 量を縦軸にプロットし，検量線を作成する(図 10.12)．未知濃度のサンプルについても，同じ条件下で反応を行い，Ct 値を求める．この Ct 値と検量線から，目的の DNA 量を求めることができる．PCR 産物の検出には，二本鎖 DNA に結合することで蛍光を発する試薬を用いる方法(インターカレーター法)や蛍光物質とクエンチャー(消光物質)で修飾したプローブの分解にともなう蛍光色素の遊離による蛍光を検出する方法(プローブ法)などが用いられる．

10.12 ■ デジタル PCR 法

　デジタル PCR(digital PCR)**法**は，鋳型 DNA を多数の区画中に分配して PCR を実施することで，DNA の検出・定量を行う方法である．区画をつくる方法には，DNA を多数の極微小な細孔に分配する微細孔分配方式と，DNA を微細な液滴(ドロプレット)に分割するドロプレット方式がある．1 区画に鋳型 DNA が 0 ～1 分子含まれる状態で PCR を行うと，鋳型 DNA が存在する区画のみ，増幅産物が得られる(図 10.13)．例えば，10 分子の DNA を含む PCR 反応液 10 μL を 10,000 個の 1 nL の DNA 溶液に分画すると，DNA が 1 分子入った区画が 10 個と DNA が入っていない区画が 9,990 個できる．これらを用いて PCR を行うと，10,000 個の区画のうち DNA が 1 分子入った 10 個の区画においてのみ DNA が増幅される．増幅した区画と増幅しなかった区画があたかも 0 と 1 のデジタルデータのように分かれるので，これらの数をカウントすることにより，サンプル中の DNA 濃度を高感度で検出・定量できる．PCR には蛍光ハイブリダイゼーションプローブ(fluorescent hybridization probe)などを使用し，専用の読み取り装置を用いて蛍光を検出する．リアルタイム PCR 法では未知試料を定量するために既知濃度の標準試料が必要であったが，デジタル PCR 法では一定体積あたりの

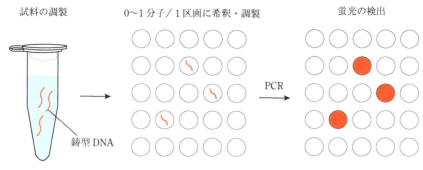

図 10.13 デジタル PCR 法の原理

DNA の絶対数がわかるため，既知濃度の標準試料を必要とせず，ごくわずかな DNA 量の違いを検出することができる．

10.13 ■ DNA マイクロアレイ法

DNA マイクロアレイ(DNA microarray)**法**は，数千～1 万程度の DNA 断片を高密度に配置したスライドガラスの基板(DNA マイクロアレイもしくは DNA チップ)を用いて，網羅的に mRNA 量を調べる方法である．基板上には，既知の配列の DNA 断片が順序よく整列して固定(スポット)されている(図 10.14)．例えば，大腸菌では約 4,300 種類の遺伝子があるが，これらがすべて基板上に固定化された DNA マイクロアレイが作製されている．

具体的には，まず細胞から mRNA を調製し逆転写酵素を用いて cDNA とした後，蛍光標識する．蛍光標識した cDNA を基板上の DNA と結合させ(ハイブリダイゼーション)，蛍光強度を測定することにより，発現した mRNA 量を調べる．

マイクロアレイ法には，大別すると一色法と二色法がある．一色法では，1 種類の蛍光色素を用いて試料を標識する．二色法では，コントロール試料と標的試料の 2 つの試料をそれぞれ別の蛍光色素を用いて標識するため，2 種類の蛍光色素を使用する．二色法では，チップ間での品質やスポッティング精度のばらつきなどに起因する 2 つのサンプル間の実験誤差を最小限にするために，1 枚の DNA マイクロアレイ上で比較できるのが最大の利点である．ただし，蛍光色素の取り込み効率や性質の違いによるデータ誤差を補正する検証実験が必要とな

10.13 DNAマイクロアレイ法

DNAマイクロアレイ

(a) 一色法

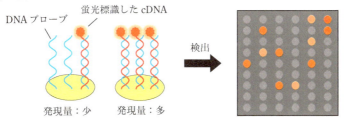

(b) 二色法

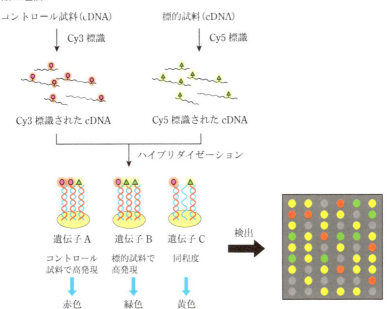

図 10.14 DNAマイクロアレイ法の原理
(a) 一色法．(b) 二色法．蛍光色素としてコントロール試料には蛍光色素 Cy3（励起波長：543 nm，蛍光波長：570 nm）を，標的試料には蛍光色素 Cy5（励起波長：633 nm，蛍光波長：670 nm）を用いた．

る．一方，一色法の場合，別々に取得したデータを，専用の解析ソフトウエアを使用して重ね合わせて解析を行う．二色法とは異なり，検証実験を行う必要はないが，再現性を得るために複数回の実験をするか，再現性の高いDNAマイクロアレイを使用する必要がある．一色法は実験系が単純で拡張性が高いため，サンプル数が多い場合には有効である．

10.14 ■ RNA-Seq解析

RNA-Seq解析は，細胞からRNAを抽出し，cDNAに逆転写して，cDNAライブラリーを作製し，次世代シーケンサーにより網羅的に塩基配列を解析する手法である．読み取られた塩基配列（リード，read）の本数を数えることで発現情報とする．RNAの網羅的な同定や定量のほか，スプライシングパターンの解析などに用いられる．次世代シーケンサーの普及にともない，DNAマイクロアレイ法に代わって多用されるようになっている．

RNA-Seq解析は，ある特定の微生物のゲノムによってコードされるRNAの包括的なセット（トランスクリプトーム，transcriptome）を対象とするのみならず，複数の微生物が混在する微生物群中のRNA（メタトランスクリプトーム，metatranscriptome）を対象として解析を行うことができる．微生物あるいは微生物群が環境条件の変化に対応して生じる転写物量の変化の定量などに用いられている．

10.15 ■ ゲノム編集

ゲノム編集（genome editing）とは，**CRISPR/Cas9システム**（「クリスパー・キャスナイン」と読む）やTALEN（transcription activator-like effector nucleases）などの方法で，染色体上の特定部位のDNA鎖を切断することにより遺伝子破壊や遺伝子の挿入などを行う技術である（図10.15）．これまでに，微生物種によってはゲノムの編集方法が確立されているものもあったが，CRISPR/Cas9システムは迅速かつ簡便であり，汎用性が高いため，従来は困難であった微生物の改変や育種への応用が期待されている．CRISPR/Cas9システムは，（真正）細菌や古細菌に備わった外来DNAの侵入に対する防御機構の一種である．この機構では，

ゲノム編集の法規制

　真核生物の染色体の二本鎖 DNA が切断されると，非相同末端連結(non-homologous end-joining, NHEJ)経路により切断された DNA 末端が直接連結されるが，数塩基の欠失・挿入などのエラーが高頻度で起こる(タイプ1)．このときに相同性を有する一本鎖または二本鎖 DNA を共存させておくと，相同組換え経路(homologous recombination, HR)による修復が起こり，1塩基の置換などの変異(タイプ2)や，遺伝子の導入(タイプ3)を人為的に導入することができる．

　近年，長大な染色体 DNA の特定の部位の二本鎖 DNA を CRIPR/Cas9 法や TALEN 法により切断する技術が開発され，染色体の任意の部位に意図的に変異を導入するゲノム編集技術が急速に発展し，ゲノムを改変した生物が次々に作出されている．ゲノム編集技術を応用した食品のうち，外来遺伝子を含むタイプ3については遺伝子組換え生物の取り扱いを定めたカルタヘナ法(11.3節参照)により規制される見込みだが，タイプ1とタイプ2については確実な検出法が存在しないため一定のルールに従った届出制が検討されている．

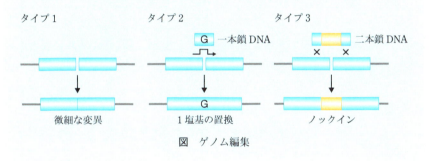

図　ゲノム編集

　まず細胞内に侵入した外来 DNA が自身のゲノム内の CRISPR 領域に取り込まれる．続いて，その配列から転写された RNA 分子が外来 DNA と相補的に結合し，Cas9 とよばれる RNA 依存性 DNA ヌクレアーゼにより分解される．CRISPR/Cas9 システムをゲノム編集に用いる場合には，細胞にゲノム DNA 分解酵素である Cas9 タンパク質と，設計した sgRNA (single-guide RNA または gRNA)を発現するプラスミドを導入する．sgRNA は 20 塩基程度の標的配列と PAM 配列(NGG 配列)，約 40 塩基からなるヘアピン構造からなる．sgRNA が標的配列と相補的に結合すると，Cas9 が DNA 二本鎖を切断する．このとき切断された DNA が修復される際に，塩基配列の一部が欠損したり他の配列が挿入されて変異が起き

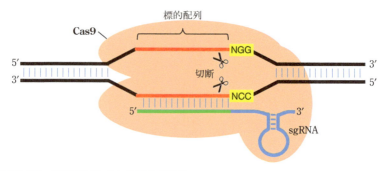

図 10.15 CRISPR/Cas9 システムの原理
sgRNA がゲノム DNA 上の標的配列と相補的に結合すると，Cas9 が標的配列領域の PAM 配列から 3〜4 塩基離れた部分を二本鎖とも切断する．図中の赤い部分が標的配列領域，緑の部分は sgRNA のうち標的配列と相補的な配列をもつ領域を示す．

る．また，DNA 鎖の修復時に挿入したい外来遺伝子を細胞に導入しておくことにより，標的とする箇所に外来遺伝子を挿入することもできる．ただし，原核生物では CRISPR/Cas9 法による染色体 DNA の切断が，多くの場合致死的であるため，原核生物への適用は限定的である．

参 考 書

- 田村 隆明，基礎から学ぶ遺伝子工学，羊土社(2017)
    → 遺伝子工学全般の内容についてわかりやすく記載されている．次世代シーケンサーや CRISPR/Cas システムなどについても記載されている．
- 林崎良英，伊藤昌可，伊藤恵美，次世代シーケンサー活用術―トップランナーの最新研究事例に学ぶ，化学同人(2015)
    → 次世代シーケンサーについて詳細かつわかりやすく記載されている．本書では詳述しなかった第 3 世代や第 4 世代のシーケンサーについても詳しく記載されている．
- R. G. Michael and J. Sambrook, *Molecular Cloning : A Laboratory Manual*, *4th Edition*, Cold Spring Harbor Laboratory Press, New York (2012)
    → 遺伝子工学実験について幅広く詳細に記載されている．
- 村松正實，新ラボマニュアル遺伝子工学，丸善(2003)
    → 遺伝子工学実験の方法ついて主に記載されている．

第11章 遺伝子組換え実験の安全性

　生命現象を探求するにも工業的に応用するにも，DNAを加工し宿主に導入してその影響を解析する遺伝子組換え実験は非常に重要な手段となっている．一方で，外来の遺伝子を導入して，これまでになかった性質をもつ生物を人為的に作出する技術であり，また環境中の生物多様性への影響も考えられることから，取り扱いのルールが法的に定められ，規制されている．遺伝子組換え実験を行う者には，こうした規制を熟知し，遵守することが求められる．

11.1 ■ バイオハザード

　微生物には病原性を有するものなど取り扱いに注意を要するものもある．有害な生物による危険性を**バイオハザード**（biohazard）といい，ここから生じる生物災害を指すこともある．生物災害が国境を越える可能性を考慮し，国際的にバイオハザードを示すマーク（標識）が制定され，対応が協議されている（図11.1）．病原性微生物については，日本では国立感染症研究所のバイオセーフティ管理室

図 11.1 国際的に用いられるバイオハザードの標識
　　　　多くの医療機関や研究所などの機関では病原性微生物・医療廃棄物などの種別により赤色・オレンジ色・黄色・黒色などに色分けして表示される．

から病原体等安全管理規定(最新版：2010年)が発刊され，微生物の安全性分類(Bio Safety Level, BSL)とBSLのレベルに応じた取り扱い様式が規定されている．土壌などからしばしば分離される一般的な微生物でも，緑膿菌などのように抵抗力の低下した人に日和見感染症を引き起こすことが知られているために病原性菌に分類されるものもあるので，自分が取り扱っている微生物については，BSLにおけるレベルなどの安全性情報を確認する必要がある．

　バイオハザードは，従来は病院や研究施設からの伝染性をもつ病原体の漏出の危険性などが対象とされていたが，現在では遺伝子組換え生物の環境への拡散もバイオハザードの対象と考えられている．遺伝子組換え生物の漏出により実際に人的・環境被害が起こった例はないが，除草剤耐性遺伝子などの拡散により，雑草の防除が難しくなる可能性が懸念されるためである．

　なお，新聞報道などでは「遺伝子組み換え」と表記されることが多いが，法律や政府発行の白書の文書はすべて「遺伝子組換え」と表記されているので，インターネット検索のときには留意したい．

11.2 ■ カルタヘナ議定書

　1970年代に組換えDNA技術が開発され，遺伝子を操作された生物が誕生するようになったことから，安全性の確保と環境への拡散防止を目的として，1975年にアシロマ会議が開催され，遺伝子組換え実験(当時は「組換えDNA実験」とよばれた)に関するガイドラインが協議された．この結果を踏まえて日本では1979年に関係省庁より「組換えDNA実験指針」が告示され，施行されてきた．

　遺伝子組換え技術は急速に進展し，各国でさまざまな遺伝子組換え生物が作製されるようになったことから，遺伝子組換え生物の国際間でのやりとりのルールを定める国際間の協議が重ねられた．そして，生物の多様性の保全と持続可能な利用に及ぼす可能性のある悪影響を防止するための措置を規定したカルタヘナ議定書が2000年に採択された．

　カルタヘナ議定書は実効性を担保するために国内法の整備が求められ，日本でも議会の批准を経て2003年に「**遺伝子組換え生物等の使用等の規制による生物多様性の確保に関する法律**」が交付され，組換えDNA実験指針に代わって2004年2月19日から施行されている．

11.3 ■ カルタヘナ法

一般に**カルタヘナ法**とよばれる日本の国内法では，法施行の目的で「生物」と「遺伝子組換え生物」が独自に定義されている．

11.3.1 ■ 生物の定義

法律・政令では第二条に生物が以下のように定義されている．
○ この法律において「生物」とは，一の細胞又は細胞群であって核酸を移転し又は複製する能力を有するものとして主務省令で定めるもの，ウイルス又はウイロイドをいう．

省令・告示では以下のように規定されている．
○ 法第一条第一項の主務省令で定める一の細胞又は細胞群は，次に掲げるもの以外とする．
一　ヒトの細胞等
二　分化する能力を有する，又は分化した細胞等（個体及び配偶子を除く．）であって，自然状態で個体に生育しないもの

いささかわかりにくいが，カルタヘナ法では自然条件で個体に生育する，動植物個体・配偶子・胚や，種イモ・挿し木などが生物であり，種なし果実や動物の組織・臓器・培養細胞などは生物として扱わない．さらに遺伝子治療を行った患者を対象から外すため，ヒトが生物から除外されている．また，一般に生物として扱わないウイルスやウイロイドが本法では生物とされている．

11.3.2 ■ 遺伝子組換え生物の定義

カルタヘナ法では遺伝子組換え生物は以下のように定義されている．
○ この法律において「遺伝子組換え生物等」とは，次に掲げる技術の利用により得られた核酸又はその複製物を有する生物をいう．
一　細胞外において核酸を加工する技術であって主務省令で定めるもの
二　異なる分類上の科に属する生物の細胞を融合する技術であって主務省令で定

めるもの

省令・告示では以下のように規定されている．
○ 主務省令で定める技術は，細胞，ウイルス又はウイロイドに核酸を移入して当該核酸を移転させ，又は複製させることを目的として細胞外において核酸を加工する技術であって，次に掲げるもの以外のものとする
一 細胞に移入する核酸として，次に掲げるもののみを用いて加工する技術
イ 当該細胞が由来する生物と同一の分類学上の種に属する生物の核酸
ロ 自然条件において当該細胞が由来する生物の属する分類学上の種との間で核酸を交換する種に属する生物の核酸

　法第二項の「異なる分類学上の科に属する生物の細胞の融合」により個体を得るのは現実的には不可能なので，第一項の核酸加工技術が遺伝子組換えの対象である．省令の「当該核酸を移転させ，又は複製させることを目的に」とは，外来のDNAまたはRNAの核酸を導入し，それが細胞分裂にともなって子孫の細胞に伝わることを意味する．

　「次に掲げるもの以外とする」とは法律文書によくある難解な表現だが，（イ）は同一種の生物由来のDNAの導入は対象外という「セルフクローニング」の原則を確認したものである．すなわち，大腸菌の遺伝子を大腸菌に導入しても遺伝子組換え生物とはみなさないということを意味する．また，微生物は水平伝達によりしばしば異種の個体間で遺伝子を交換するが，（ロ）は自然界に起こる核酸の交換は対象外という「ナチュラルオカレンス」の原則を確認したものである．

　以上より，遺伝子組換え生物とは自然界で遺伝子の交換が報告されていない他種の生物由来の遺伝子（DNA）を導入され，それが子孫に伝達して保持されるものを指すことになる．

　なお，カルタヘナ法では遺伝子組換え生物を譲渡・運搬する場合の措置についても細かく規定されている．遺伝子組換え生物が漏出することのない容器に収納して表示することと，受け入れ側が必要な設備を備えていることを確認することなどが求められる．

11.4 ■ 遺伝子組換え実験における拡散防止措置

遺伝子組換え実験には，遺伝子組換え生物が環境に漏出・拡散することのないように実施する拡散防止措置が求められる．拡散防止措置は，物理的封じ込めと生物学的封じ込めの組み合わせにより実施する．

11.4.1 ■ 物理的封じ込め

物理的封じ込めとは遺伝子組換え生物を扱う施設・設備を厳重にすることにより遺伝子組換え生物の環境への拡散を防止するものであり，簡易なものから順にP1レベルからP4レベルまで規定されている．培養規模が20Lを超えない場合，病原性がない遺伝子組換え生物は簡易なP1レベルの実験室で扱うことができる（図11.2）．P1レベルでは必ずしも室内にオートクレーブを設置することは求められないが，手洗いができる設備と遺伝子組換え生物の保管施設が必要である．食事や食品の保存はできない．関係者以外の立ち入りを禁じる表示を掲示することと定められている．

病原性のある微生物を扱う場合は，危険度に応じてP2～P4レベルの厳重な設備を使用することが求められる．このような設備では，実験室内にクリーンベンチではなく安全キャビネットを設置することが義務づけられている（3.3節参照）．一般の微生物の実験に用いられるクリーンベンチは，ベンチの内部を清浄に保つのが目的で，HEPAフィルターとよばれる除菌用フィルターを通して吸い込まれた空気がベンチの内部を通って実験者の方に出ていく設計となっている．一方，安全キャビネットは実験者を保護する目的で設計されていて，実験者の方からキャビネットに空気が流れ，HEPAフィルターを通して排出されるようになっている．

安全キャビネットには仕様によりクラスⅠ，Ⅱ，Ⅲがある．

クラスⅠ：ドラフト＋排気滅菌
クラスⅡ：ドラフト＋排気滅菌＋滅菌吸気エアカーテン
クラスⅢ：ドラフト＋排気滅菌＋吸気滅菌＋グローブボックス

クラスⅠ安全キャビネットは吸気が未滅菌なのでキャビネット内に無菌性がなく，クリーンベンチの代わりに使用することはできない．微生物実験で一般的に

第 11 章　遺伝子組換え実験の安全性

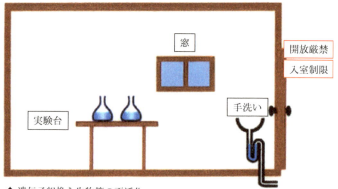

- ◆ 遺伝子組換え生物等の不活化
- ◆ 実験室の扉を閉じておく
- ◆ 実験室の窓等の閉鎖等
- ◆ エアロゾルの発生を最小限にとどめる
- ◆ 遺伝子組換え生物等の付着・感染防止のための手洗い等
- ◆ 関係者以外の入室制限

図 11.2　P1 レベルの実験室
［文部科学省ライフサイエンスの広場ホームページ］

使用されるクラスⅡ安全キャビネットは，実験者の側にエアカーテンが設置されているのでクリーンベンチの代わりに使用することも可能である．P2 レベルの実験室では，クラスⅡの安全キャビネットの設置および同一建屋内にオートクレーブを設置することが義務づけられている．

危険性の高い病原菌の取り扱いも可能な P3 レベルの実験室では，専用の着衣に着替える前室を設け，前室の前後のドアが同時に開放されない設備（インターロック）が必要である．実験室内の空気は常に陰圧に保たれ，壁のすき間などから空気が漏れない構造となっていて，実験室からは HEPA フィルターを通して空気を排出する（図 11.3）．また，実験室内にオートクレーブを設置し，試料を実験室から出すことなく操作を完了することが求められている．

P4 レベルの実験室は他の施設から独立した別棟に設置する必要がある．室内にはもっとも危険度の高いバイオセーフティレベル BSL-4 の病原体の取り扱いなどに用いられる密閉系のクラスⅢ安全キャビネットを設置し，宇宙服のような防護服を用いて実験者が実験試料に直接触れることがないように設計されている．

図 11.3 P2, P3 レベルの実験室
　　　　　［文部科学省ライフサイエンスの広場ホームページ］

　なお，培養設備の容量が 20 L を超える場合は大量培養の規定に基づき，簡易なものから順に LSC，LS1，LS2 の 3 つの実験設備のレベルを選択する．大量培養の場合は，明確に区別できる実験区域の設定が必要であり，遺伝子組換え生物が外部に流出しない設備が求められる．LS1 と LS2 はそれぞれ P1 レベルと P2 レベルの宿主ベクター系および導入遺伝子の組み合わせに相当する．導入する遺伝子の安全性に懸念がなく，宿主として B1 レベルの認定宿主ベクター系のものを用いる場合は，簡易な LSC レベルの実験設備を利用して培養することができる．

11.4.2 ■ 生物学的封じ込め

生物学的封じ込めとは特定の認定宿主ベクター系を用いることにより遺伝子組換え生物の環境への拡散を防止する措置であり，B1 レベルと B2 レベルの 2 つが規定されている．特定の培養条件以外では生育しない宿主と，他生物への伝達性がなく宿主依存度が高いベクターを用いることにより，安全性を確保する．B1 レベルでは一般的に遺伝子組換え実験や，大量培養による有用物質生産に用いられる 11 種の微生物とそのベクターが規定されている．さらに，遺伝的欠陥を有するために特殊な培養条件以外では生存率がきわめて低い特定の 3 つの菌株といくつかのベクターが，B2 レベルの特定認定宿主ベクター系と規定されている（表 11.1）．

表 11.1 生物学的封じ込め（B1, B2 レベル）

レベル	名称	宿主[1]
B1	EK1	*Escherichia coli* K12 株，B 株，C 株，W 株および誘導体
	SC1	*Saccharomyces cerevisiae*
	BS1	*Bacillus subtilis* Marburg168 株，*B. licheniformis*
	Thermus 属細菌	*T. thermofilus*, *T. aquaticus*, *T. flavus* など
	Rhizobium 属細菌	*R. radiobacter*, *R. rhizogenes*
	Pseudomonas putida	*Pseudomonas putida* KT2440 株
	Streptomyces 属細菌	*S. coelicolor*, *S. griseus* など
	Neurospora crassa	*Neurospora crassa*
	Pichia pastoris	*Pichia pastoris*
	Schizosaccharomyces pombe	*Schizosaccharomyces pombe*
	Rhodococcus 属細菌	*R. erythropolis*, *R. opacus*
B2[2]	EK2	*E. coli* K12 株のうち遺伝的欠陥のため生存率が低い株
	SC2	*S. cerevisiae* ste-VC9 株，SHY1-4 株
	BS2	*B. subtilis* ABS298 株

1) 各々の宿主について，接合などにより宿主以外の微生物に伝達されないプラスミドなどがベクターとして定められ，宿主ベクター系として指定されている．
2) B2 レベルの宿主については，遺伝的欠陥をもつため特殊な培養条件下以外において，宿主の数が 24 時間経過後 1 億分の 1 以下になるものとして指定されている．

11.5 ■ 遺伝子組換え実験の実施

　遺伝子組換え実験は，実験に用いる宿主およびベクターと，導入する予定の遺伝子の由来の生物（核酸供与体）の組み合わせにより，必要な物理的封じ込めレベル（拡散防止措置）が決まる．その根拠となるのは，宿主と核酸供与体の実験分類である．「遺伝子組換え生物等の実験分類」は，国立感染症研究所が定める「病原体等のBSL分類」に対応している．

（クラス1）ヒト又は動物に重要な疾患を起こす可能性のないもの
（クラス2）ヒト又は動物に病原性を有するが，実験室その他の人員，家畜等に対し，重大な災害となる可能性の低いもの
（クラス3）ヒトに感染すると通常重篤な疾病を起こすが，一つの個体から他の個体への伝播の可能性は低いもの
（クラス4）ヒト又は動物に重篤な疾病を起こし，かつ，罹患者から他の個体への伝播が直接又は間接に起こり得るもの．有効な治療及び予防法が通常得られないもの．

　細菌・真菌・原虫・寄生虫の実験分類は，哺乳動物に対する病原性が知られていないものはクラス1として扱ってよいとされている．最高のクラス3には，結核菌やチフス菌，炭疽菌などの伝染性の病原菌が分類されている（表11.2）．
　一方，ウイルス・ウイロイドについては原核生物を自然宿主とするものを除くと，哺乳動物に対する病原性がないことが確認されたものだけがクラス1である．エボラ出血熱などの非常に死亡率の高い病原体がクラス4に分類されている（表11.2）．

　遺伝子組換え実験を実施する際に必要とされる設備（P1～P4）は，拡散防止措置レベルとして指定される．原則として，宿主と核酸供与体の実験分類クラスの高い方に従って定まるので，大腸菌K12株（宿主：クラス1）にHIV（Human immunodeficiency virus，核酸供与体：クラス3）の遺伝子を導入する実験ならば，P3レベルの物理的封じ込め施設が必要となる（表11.3）．ただし，特定認定宿主

表 11.2　微生物の実験分類（2014 年 3 月改訂）

クラス	原核生物・真菌・原虫・寄生虫	ウイルス・ウイロイド
1	分類 2, 3, 4 以外のもの（哺乳動物等に対する病原性のないものに限る）	・原核生物を自然宿主とするもの ・分類 2, 3, 4 以外のもの（哺乳動物等に対する病原性のないものに限る）
2	*Candida albicans*（カンジダ症） *Clostridium tetani*（破傷風） *Escherichia coli*（腸管出血性大腸炎） *Helicobacter pylori*（ピロリ菌） *Pseudomonas aeruginosa*（緑膿菌） *Treponema pallidum*（梅毒） *Vibrio cholerae*（コレラ）　　など	Adenovirus Hepatitis A, B, C, D, E, G virus（肝炎） Herpes simplex virus 1, 2（単純ヘルペス） Human rhinovirus A, B, C（普通感冒；風邪） Influenza virus（インフルエンザ） Measles virus（麻疹） Papillomavirus（イボ, 子宮頸がん）　　など Sendai virus
3	*Bacillus anthracis*（炭疽菌）；ワクチン用株除く *Coccidioides immitis*（コクシジオイデス症） *Mycobacterium tuberculosis*（結核） *Salmonella enterica subsp. Typhi*（チフス） *Yersinia pestis*（ペスト）　　など	Human immunodeficiency virus（AIDS） Influenza virus 高病原性株（インフルエンザ） Rabies virus（狂犬病） SARS coronavirus（重症急性呼吸器症候群） Yellow fever virus（黄熱病）　　など
4	なし	Lassa virus（ラッサ熱） Ivory Coast ebolavirus（エボラ出血熱） Zaire ebolavirus（エボラ出血熱）　　など

国立感染症研究所の定めるバイオセーフティレベル（BSL）分類に対応している．
ウイルスによる主な感染症をカッコ内に示した．

表 11.3　拡散防止レベル決定の実際

実験の例	執るべき拡散防止措置
(1) 大腸菌 K12 株（宿主：実験分類 1）に，HIV（核酸供与体：実験分類 3）の遺伝子を導入	→ P3
(2) 自立的な増殖性等のないセンダイウイルス（宿主：実験分類 2）に，ヒト（核酸供与体：実験分類 1）の遺伝子を導入	→ P2（※ 1）
(3) (2) のウイルスをマウスに接種	→ P2A（※ 2）
(4) シロイヌナズナ（宿主：実験分類 1）にイネの遺伝子を導入	→ P1P（※ 3）

※ 1）自律増殖能を保持したセンダイウイルスを用いる場合は大臣確認が必要．
※ 2）P2A：動物使用実験の場合の措置．P2 の措置 + 動物の逃亡防止のための措置等
※ 3）P1P：植物等使用実験の場合の措置．P1 の措置 + 花粉等の飛散防止のための措置等
実験(1)は B2 レベルの宿主ベクター系を用いることにより 1 レベルダウンして P2 で実施できる．

ベクター系(生物学的封じ込めレベル：B2)を用いる場合は，1段階レベルダウンできる規定なので，P2 レベルの施設で実験を実施できる．

　自律増殖性のないセンダイウイルス(宿主：クラス 2)にヒト(核酸供与体：クラス 1)の遺伝子を導入する実験は P2 レベルの施設で行う．このウイルスをマウス(動物宿主：クラス 1)に導入する場合は，P2 の設備に加えて動物の逃亡防止のネズミ返しや網のケージなどを備えた P2A 施設で実施することが求められる．動物を宿主とする実験施設は一律ではなく，個々の動物の特性に適応した拡散防止措置が必要とされる．ショウジョウバエなどの飛行性の昆虫などを宿主とする場合などは，実験室の空調設備などを含め特に厳重な逃亡防止措置が要求される．

　植物を宿主とする場合にも，宿主の特性に適応した拡散防止措置が求められる．シロイヌナズナ(植物宿主：クラス 1)にイネ(核酸供与体：クラス 1)の遺伝子を導入する実験は，P1 レベルの施設に花粉などの飛散防止と媒介昆虫の侵入阻止の設備を備えた P1P 施設で実施する．

　堆肥や土壌・海洋などの環境から直接 DNA を抽出して解析するメタゲノム研究などでは，核酸供与体の微生物種を特定できない場合がある．このような場合は，原則として宿主の実験分類に従って定めることができる．メタゲノム研究には通常は大腸菌 K12 株(クラス 1)が用いられるので，P1 レベルの施設で実施できる．

　大学などで遺伝子組換え実験を行う場合は，事前に目的・宿主・ベクター・導入する遺伝子・実験場所と設備・実験者名簿・拡散防止措置と安全性確保の方法などを詳細に記載した実験計画書を作成し，学内に設置された安全委員会に提出して承認を得なければならない(機関実験)．危険度の高い実験については，文部科学省に計画書を送付して実験の承認を得ることが求められる場合もある(大臣確認実験)．また，実験従事者となる教職員・学生は講習と健康診断の受診が義務づけられている．

11.6 ■ 遺伝子組換え実験の注意点

　遺伝子組換え実験に関する規制法にはわかりにくい記述もあり，ときおり違反事例が発生している．

　大臣確認が必要な実験には，「宿主または遺伝子供与体が実験分類クラス4の場合」，「宿主が実験分類クラス3の場合」，「宿主が実験分類クラス2で供与核酸が薬剤耐性遺伝子であり感染した場合治療が困難となることが予想される場合」，「自律的な増殖能および感染力を保持した遺伝子組換えウイルスが実験中に増殖する場合」，「供与核酸が哺乳動物に強い毒性を有するタンパク質毒素に係る遺伝子の場合」などが該当する．哺乳動物などへの病原性がないことが確認されていない遺伝子組換えウイルスを作製して増殖させる実験は，原則として大臣確認実験となることに注意が必要である．研究者および安全委員会の認識が不十分であったため，結果として大臣確認申請を怠った事例が報告されている．この事例では，所管の文部科学省より再発防止措置として，機関としての組織改革が指示され，外部委員を含む安全委員会を組織して厳格に審査を実施することとなっている．

　遺伝子組換え実験はさまざまな目的で実施されるが，有用タンパク質を生産する目的で目的タンパク質をコードする遺伝子を取り扱い法が確立した宿主に導入して培養することも多い．しかし，動物細胞のタンパク質を微生物を宿主として生産することは困難な場合が多く，動物細胞由来のタンパク質は多くの場合，動物細胞を宿主として生産する必要がある．バキュロウイルス(Baculovirus)は昆虫を宿主として感染する核多角体病ウイルスであり，増殖の過程で感染細胞の核内にポリヘドリンとよばれる結晶構造のタンパク質を多量に生産する．このポリヘドリン遺伝子のプロモーターの下流に目的遺伝子を導入した組換えウイルスを昆虫細胞に感染させることにより，目的タンパク質を生産する宿主ベクター系が開発されている．バキュロウイルスを用いた発現系は哺乳動物細胞を宿主とするよりも生産量が格段に多く，培地に血清を用いる必要がないので培養も容易である．発現システムが市販されていることもあり，研究者に非常によく利用されている．バキュロウイルスは昆虫細胞に感染するウイルスであり，哺乳動物などに病原性がないことが確認されているので，P1レベルの拡散防止措置により実施

> **column** **名古屋議定書(Nagoya Protocol)**

　多様な微生物の生態の解析や微生物による生産物の利用を目的とする研究に携わる研究者は，微生物の収集のため海外に行く機会もあるだろう．外国の遺伝子資源にアクセスする場合，名古屋議定書とよばれる「生物の多様性に関する条約の遺伝子資源の取得の機会及びその利用から生じる利益の公正かつ衡平な配分(Access and Benefit-Sharing：ABS)に関する名古屋議定書」に留意する必要がある．

　名古屋議定書は遺伝子資源を利用した場合に得られた利益(「金銭的利益」および「非金銭的利益」)について，資源を提供した国と資源を利用する国とで分け合うことを担保する議定書である．2010年10月に名古屋市で開催された生物多様性条約(Convention on Biological Diversity, CBD)第10回締結国会議(COP10)で採択され，日本は国内措置(ABS指針)を整備した上で2017年に議定書を批准し，発効している．

　生物多様性条約では15条に自国の天然資源に対して主体的権利を有するものと認められているので，その扱いについては遺伝子資源の管轄国の国内法令に従うものとされている．したがって，遺伝子資源へのアクセスにあたっては資源提供国との事前同意が必要である．同意には，遺伝子資源の利用により生じる利益の配分について具体的に取り決めて遵守証明書を取り交わす．利益には，「金銭的利益」としてアクセス料金・ロイヤリティー支払金，商業化の場合の実施許諾料，生物多様性保全への信託基金，研究資金，共同事業，知的財産権の共同利用などがあり，さらに「非金銭的利益」として研究開発成果の共有，製品開発への参加，技術移転などが考えられる．

　名古屋議定書に対する資源提供国側の対応は国によって異なるので，個人の研究者では対応が難しい場合は大学の技術移転機関(TLO)などの機関を通じて協議することになる．国際ルールへの遵守が求められる上に，研究活動へのさまざまな制限が生じ，必ずしも利害の一致しない相手国との交渉を余儀なくされることから，海外の生物資源を利用すること自体をリスクととらえる研究者も多いと思われる．しかし，名古屋議定書は生物多様性の保全のため国際的な趨勢でもあり，避けては通れない問題である．海外資源へのアクセスについては，資源提供国側の研究者と共同研究の形をとることが推奨されており，国際共同研究を通じて遺伝子資源へのアクセスと活用をめざすのが研究を円滑に進める方法である．

することができる．さらに，昆虫細胞/バキュロウイルスを用いた受託生産を請け負う業者もあり，生産された組換えタンパク質が数多く市販されている．

　注意すべき点は，昆虫細胞に生産させた組換えタンパク質を精製する工程でも

組換えバキュロウイルスが完全に除去できていない可能性があるため，必要な拡散防止措置を執る必要があることである．実際に，遺伝子組換えバキュロウイルス由来の試薬を用いた実験で，実験従事者の認識が不十分であったために実験器具や廃液の一部を不活化処理せずに廃棄していた事例がいくつも報告されている．

　外来遺伝子をベクターに組み込む実験は遺伝子組換え実験として認識しやすいが，譲渡や外部委託により入手した遺伝子組換え生物を使用する実験も遺伝子組換え実験であり，培養液や生産物も遺伝子組換え生物が残存している可能性が残っている間は所定の拡散防止措置を執らなければならない点が盲点になりやすい．

　遺伝子組換え生物の環境への漏出などの事故が起こった場合は，速やかに管理当局に報告して指示を仰ぐとともに，所管の文部科学省へ報告する義務がある．ひとたび事故が発生すると，事故原因の解明，事後処理，再発防止措置など法令に基づいた厳格な対応が求められる．遺伝子組換え微生物の培養液が入ったガラス容器を運搬中に破損して培養液が漏出した事例も報告されていて，この場合も現場周辺の滅菌措置と遺伝子組換え生物の試料分析による確認など大がかりな後始末を余儀なくされている．

　遺伝子組換え実験に限らず，生物を扱う研究者は自分自身と環境を守るために，関連法規に精通して必要な手続きを怠りなく執るように心がけたい．

参考資料

・文部科学省ホームページ「ライフサイエンスの広場」
・川崎浩子，「生物多様性条約や名古屋議定書が生物工学の研究に及ぼす影響」生物工学会誌，**94**, 312-318(2016)
・環境省自然衛生局ホームページ「名古屋議定書の国内措置(ABS指針)について」
・外務省ホームページ「生物の多様性に関する条約の遺伝資源の取得の機会及びその利用から生ずる利益の公正かつ衡平な配分に関する名古屋議定書(略称：名古屋議定書)」

第12章 各種汎用機器の取り扱い

　本章では，微生物実験を行う際に頻用される機器類のいくつかを取り上げ，その取り扱い法について解説する．より詳細には，各機器に付属の取り扱い説明書を参照されたい．

12.1 ■ 天びん

　試料の重量を測定するのに，なくてはならない**天びん**(balance)の性能を示す重要な要素が2つある．1つは感度(読み取り限度)で，培地成分の重量測定には0.1 g程度，抗生物質や微量元素の測定には0.1～1 mg程度が必要である．もう1つは秤量で，その天びんで測定できる最大重量のことである．秤量以上の重さの試料を天びんにのせると，正確に測定できないだけでなく，天びんを壊してしまうことがあるため注意が必要である．

　現在はデジタル表示の電子天びんが普及しており，種々の感度・秤量のものが市販されているため，目的に応じて必要な性能を有する天びんを選択して使用する．天びんは，人通りの少ない，風が通らない場所の石の台(ストーンテーブル)のような安定した台の上に置く．付属の水準器を用いて機械を水平に保つ．また，天びんが正しい読みを示すかを，添付の標準分銅を用いて定期的にチェックする．天びん内部のアームに突発的な衝撃が加わると天びんが破損するため，これを防ぐために使用後は必ず電源を切る．この操作によりアームがロックされる．なお，天びんの周囲および台は，試料で汚染しないように注意し，頻繁に清掃して清浄に保つことも重要である．

　電源を入れたら，風袋(薬包紙，ビーカーなどの試料を入れる容器)を静かにのせる．次に，風袋の重さを消去し，表示を0にする(ほとんどの天びんの場合，"TARE"キーを押すことにより風袋の重さが消去でき，0表示となる)．続いて，試料を風袋にのせ，表示された数値を読む．秤量後，別の容器に試料を移す際，風袋に付着した試料をロスしないためには，使用する溶媒で試料を流し込むよう

181

にする.

　冷蔵あるいは冷凍保存の試料を測りとる場合，その試料をデシケーター中で室温に戻してから秤量する．さもないと，温度差のため試料が結露し，吸湿してしまう．また，水酸化ナトリウムなどの吸湿性の高い試薬は，試薬瓶をデシケーターから出したら短時間に秤量を終え，速やかにふたをする．なお，測りとった試薬は素早く重さを読み，メスフラスコなどを用いて目的の溶液などの調製を行う．

12.2 ■ pH メーター

　微生物の生育，生理状態に与える pH の影響は大きい．培地，緩衝液の調製や微生物生育中の培養液の監視など，微生物実験における pH 測定の機会は多く，正しい pH 測定法を学ぶことが重要である．水溶液の pH は簡便には pH 試験紙，pH 指示薬により測定することもできるが，精密な測定が必要な場合にはガラス電極 **pH メーター**(pH meter)を用いる．

　ある種のガラス(SiO_2-Na_2O-CaO 系ガラスなど)は水素イオンに対して，特異的な選択性を示す．水素イオンの活量が異なる 2 種類の水溶液(Iおよび II)がこのガラスの薄膜を隔てて接すると，薄膜の両側にある溶液中の水素イオン活量の差に比例した起電力(膜電位)が生じる．ネルンストの式から，両端の電位差(膜電位 ΔE)は次式で表される．

$$\Delta E = \frac{RT}{F} \ln\left(\frac{a_{H^+}(\mathrm{I})}{a_{H^+}(\mathrm{II})}\right) \tag{12.1}$$

[ΔE：膜電位，R：気体定数，T：絶対温度，F：ファラデー定数
　$a_{H^+}(\mathrm{I})$ および $a_{H^+}(\mathrm{II})$：溶液 I および II 中の水素イオンの活量]

ここで，一方の溶液の pH を一定に保つことにより，膜電位が他方の溶液の pH に比例して変化するため，これを利用して pH を測定することができる．$a_{H^+}(\mathrm{I}) = 10^{-7}$ M とすると，未知溶液 II 中の水素イオンの活量 pH(II)は次の式で表される．

$$\begin{aligned}\Delta E &= -7\left(\frac{2.030RT}{F}\right) - \frac{RT}{F}\ln[a_{H^+}(\mathrm{II})] \\ &= -0.413 + 0.059\,\mathrm{pH(II)} \quad (25°\mathrm{C}のとき)\end{aligned} \tag{12.2}$$

12.2 pHメーター

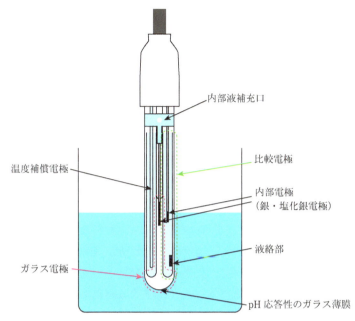

図 12.1　pH 測定用複合電極の構造

　現在普及しているpH電極は，ガラス電極と比較電極とが1本になった複合電極である．ガラス電極は，pH応答性のガラス薄膜，銀・塩化銀電極からなる内部電極およびpH一定の標準液からなるガラス電極内部液などから構成されている．一方，比較電極には，銀・塩化銀電極からなる内部電極，塩化カリウム溶液(3.33 M)からなる内部液が含まれ，内部液と試料溶液とが接する液絡部があり，水溶液のpHとは無関係に一定の電位を示す(図12.1)．複合電極を試料溶液に浸したとき，ガラス薄膜部にはpHの差に比例した起電力が生じる．一方，比較電極は，溶液のpHと無関係に一定の電位を示すため，ガラス電極と比較電極の間に生じる電位差を電圧計で測定することで，試料溶液のpHを算出することができる．

　実際にこの電極を用いて未知溶液のpH測定を行う際には，pH標準液を用いて計器のゼロ点および感度を正しく調整する「pHの校正」が必要となる．通常は，中性の標準液(リン酸標準緩衝液，pH 6.86)と酸性の標準液(フタル酸標準緩衝液，pH 4.01)を用いて校正を行う．ただし，pH 10以上の溶液のpHを測定す

る場合は，中性とアルカリ性の標準液(ホウ酸標準緩衝液，pH 9.18 など)の2点で校正をすると信頼できる pH 測定ができる．校正の後，pH 測定をする際は，まず電極を純水ですすぎ，キムワイプ®などの専用のティッシュペーパーで拭う．次に電極を被検液に浸け(先端部分の丸い部分からさらに1 cm 程度浸ける)，pH を読む．なお，pH は温度で変化する．校正に用いる標準液の pH は25℃であるため，被検液の温度が極端に低いもしくは高い場合には，注意が必要である．多くの複合電極では，温度補償電極(熱電対)が備わっているが，これは温度による起電力の変化を補償するものである．温度による pH の変化と温度補償は無関係であるため，pH 測定に際しては pH 値とともに必ず試料温度を記録しておくべきである(表 A.12 参照)．測定が終了したら電極を水洗したあと，純水また 3.33 M KCl 溶液中に浸し保管する．電極は乾燥させてはならない．なお，ガラス電極の球部のガラス膜は非常に薄く，破損しやすいため，取り扱いには十分注意する．濃厚なタンパク質溶液を使った後や，長く使用した後の電極は洗浄が必要となる．洗剤液(汚れが少ない場合は1 M 塩酸)を含ませた柔らかい紙で電極を拭く．このとき，洗剤に長時間浸けないように注意する．

12.3 ■ 遠心分離機

溶液中に浮遊している微小な粒子はそのままではなかなか沈殿しないが，重力の何倍もの遠心力をかけることによって速やかに沈降させることができる．このように，微粒子の回収または除去のために用いられるものが**遠心分離機**(centrifuge)である．多くの遠心分離機では，遠心ローターとよばれる器具をモーターの回転軸に直接のせて数千〜数万回転/分(rpm, rotations per minute, revolutions per minute)の高速で回転させる．モーターの回転速度を制御することによって，重力の数千倍から数十万倍の遠心力を生じさせることができる(超高速でローターを回転させる機械は，超遠心分離機(ultracentrifuge)という)．微生物学あるいは生化学の研究分野では頻繁に使われるが，モーターで遠心ローターを高速で回転させるため，正しい使用法を守らないと危険な装置である．

使用されている主な遠心ローターは，その形状から，アングル型，スイング型およびバーチカル型に大別される．これらのローターは，実験目的に応じて使い分けられる．もっともよく使われるものはアングル型のローターであるため，こ

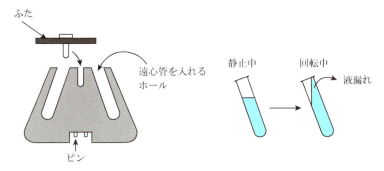

図 12.2　アングル型遠心ローター

の使用法について説明する．
(1) 遠心ローターにはさまざまな大きさのものがあり，一度に遠心分離できる試料量が異なる．遠心分離を行おうとする試料の量に応じて，適当なものを選ぶ．
(2) ローターの底面とモーターの回転軸の上面とにはピンがあるのが普通である（図 12.2）．必ずこのピンが相互にかみ合うように，ローターを回転軸に確実に装着する（ローターを装着後，軽く手で回して確認する）．ローターのピンがかみ合わずに回転軸のピンにローターが不安定にのったまま回転させると，運転中の振動によって，ピンがかみ合う位置にローターが回転中の軸に落下する．このときの衝撃によってローターピンが曲がってしまう．ピンが曲がってしまったローターを高速で回転させることはきわめて危険である．また，ローターは精密にバランスをとって設計されており，落としたり，傷をつけたり，またテープなど（備品番号などを示すシールなど）を貼ったりしないようにする．さらに，いかなるローターも許容回転数を超えたスピードで運転してはならない．
(3) 遠心分離機には冷却装置が付属しているものが多い．遠心分離中に試料が変質しないように，冷却装置を所定の温度に設定して，ローターを冷却する．その際に，3,000 rpm 程度の低速で遠心ローターを空運転（試料を入れずにローターだけで運転すること）するとローターが速く冷却できる．
(4) 試料は，ローターのホール（図 12.2）にあった遠心管（チューブあるいはボトル）に入れて遠心を行う．遠心管は，ローターの対称な位置に，質量を同じ

にして，対でセットしなければならない（点対称でセットしてもよい）．2つの試料（と遠心管）の質量の差がわずか 1 g 程度であっても，回転中に生じる遠心力によって，実効的な重量は 1〜10 kg もの差異となる．このため，回転軸に対して片側だけからの負荷がかかり続けることになり，回転軸を曲げる原因となる．ひいては，モーターが故障することになり，最悪の場合には，ローターが遠心分離機から飛び出して重大な事故となる．遠心管の質量は製造ロットによって異なっているのが普通であるため，試料だけの質量でバランスをとることは危険である．また，遠心管の本数が奇数であっても，バランスを崩さず遠心分離を行うことが可能であり，各自で工夫するとよい（図 12.3）．

(5) 遠心管に入れる液量は，多すぎないように注意しなければならない．遠心管の 80% 程度にとどめるのが無難である（メーカーから添付されてくる遠心管の説明書には多めの容量が記載されているので注意しなければならない）．アングル型のローターのホールには，遠心管を斜めに挿入する（図 12.2）．液量を多めに入れると，ローターの回転中に遠心管とふたの隙間から試料液が漏れる．もし，培地などの試料液をホール内にこぼした場合には，必ず洗浄して拭き取らなければならない．そのまま遠心操作を繰り返していると，ホール内の液体（場合によっては，水分が蒸発して固形物となる）によって，アンバランスを生じ，事故の原因となる．また，ホール内に培地などを長期に放置すると，放置された培地に雑菌が生育してくる．その後にローターを使うときに，生育していた雑菌によって試料が汚染されることもありうる．さらに，雑菌が生産した粘性物質によって，遠心分離操作後に遠心管が抜き出せなくなる場合もある．ほかにも，培地の組成によっては，放置している間にローターを腐食してしまうかもしれない．腐食のために亀裂が入ったローターは，高速回転中に破損する可能性があり，きわめて危険である．ローターと同様，遠心分離機のローター室内部も常に清浄に保つ必要があることはいうまでもない．

(6) 遠心管は，製品により許容回転数が決まっている．また，許容回転数範囲で使用していても，劣化などの原因で破損することもある．使用前に注意深く点検し，異常のある遠心管は使用を避ける．

(7) 上述の注意を守って試料を入れた遠心管をローターのホールに入れて，必ず

図 12.3 奇数本の遠心管をローターにセットする方法
ここでは，12 ホールのローターに 5 本の遠心管を入れる方法を示した．2 本の遠心管と 3 本の遠心管を入れる場合を組み合わせるとよい．

ローターのふたを閉める．ふたをせずに回転すると，空気との摩擦が大きくなり異音を生じるとともにローター温度が上昇しやすくなる．

(8) ローター室のふたを閉めた後，所定の回転速度と運転時間とを設定して遠心ローターの回転を始める．この際，必ず遠心力と回転速度の換算表（ほとんどの場合，購入した遠心分離機の説明書に記載されている）を用いて設定する．最近の遠心分離機は，ローター室のふたを閉めないとローターが回転しないように設定されている．運転開始後は，設定した回転数に達するまで遠心分離機の前を離れず，機械に異音や異常振動がないことを確認する（もっとも不安定な回転速度は 1,000〜3,000 rpm であり，アンバランス事故の大半はここで起こる）．もし，異常がみられたら直ちに停止ボタンを押す．

(9) 運転が終了してローターの回転が止まってから，ローター室のふたを開ける．その後，ローターのふたを開け遠心管を静かに抜き出す．遠心分離された上清をデカンテーションまたはピペットで吸い上げることによって取り出し，上清と沈殿を手早く分ける．

(10) ローターおよびローター室を清掃する．超遠心分離機やローターには厳密に寿命が定められているので，所定のログブックに使用記録を確実に記載する．

12.4 ■ 分光光度計

分光光度計（spectrophotometer）は，生物実験において広く用いられている．例えば，タンパク質定量（8.5 節参照），ELISA（9.3.3 項参照），培養液の濁度測定

(7.4.2項参照)など,微生物学や生化学の実験を行ううえでは欠かせない機器である.ここでは,可視光および紫外光用の分光光度計について概説する.

12.4.1 ■ ランバート・ベールの法則

波長λの単色光がI_0の強度で試料溶液に入り,吸収などによって溶液層(層の厚さd)を通過した後に強度がIになったとする(図12.4).透過光強度Iは,溶質濃度が一定の場合,溶液層の厚さdに対して指数関数的に減少する(ランバート(Lambert)の法則).

$$I = I_0 \times 10^{-\mu d} \tag{12.3}$$

[μ:定数]

また,厚さdが一定,溶質濃度cが低い場合には,透過光強度Iは濃度の指数関数で表される(ベール(Beer)の法則).

$$I = I_0 \times 10^{-\kappa c} \tag{12.4}$$

[κ:定数]

したがって,透過光強度Iは,次式のようにcとdの関数で表すことができる(**ランバート・ベール(Lambert-Beer)の法則**).

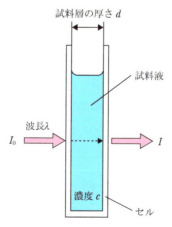

図12.4 分光光度計のセルにおける光の吸収

$$I = I_0 \times 10^{-\varepsilon cd} \tag{12.5}$$
[ε：定数]

I/I_0 を透過率 T(transmittance)とよび，**吸光度** A(absorbance)は次のように定義される．

$$A = -\log T = -\log\left(\frac{I}{I_0}\right) \tag{12.6}$$

吸光度 A は光の波長 λ，試料の種類とその濃度 c(M)，試料層の厚さ d(cm)に依存し，式(12.5)および(12.6)より

$$A = \varepsilon cd \tag{12.7}$$

が導かれる．ここで比例定数 ε($M^{-1} \cdot cm^{-1}$)は**モル吸光係数**(molar extinction coefficient)とよばれ，試料の種類により固有の値を示す．

12.4.2 ■ 分光光度計の構成

分光光度計のおおまかな構成は図 7.3 に示した．光源としては，タングステン(W)ランプおよび重水素(D_2)ランプが用いられる．前者は可視領域，後者は紫外領域(180〜400 nm)に対応している．実際には，光源と試料の間には分光器があり，任意の波長の単色光を選べる．通常，試料溶液はセル(cell)とよばれる石英やガラス，ないしプラスチック製の容器に入れ，測定に供される．

標準的角型セルは 1 cm^2 の正方形底面で，1〜数 cm の高さがある．一般的な分光光度計の場合，光路長(試料層の厚さ d)は 1 cm と決まっている．一方で，光路幅は 1〜10 mm とさまざまで，溶液が入る量もさまざまであるため，測定試料，目的に合わせて選択することができる．

12.4.3 ■ 吸光度の測定

分光光度計の具体的な使用方法はメーカー・装置の種類により異なるため，ここでは一般的な注意事項を述べる．
(1) 測定 10 分前くらいに光源ランプのスイッチを ON にして，あらかじめ装置を安定化させる．ただし，ランプには一定の寿命があるため，必要以上に点灯し続けないよう注意すべきである．

(2) 測定波長に応じて，適切なセルを使い分ける．石英セルは紫外・可視いずれの領域においても使用できるが，ガラスセルは紫外部に吸収を有するため，可視領域でのみ使用できる．最近のプラスチックセルは可視領域だけでなく，紫外領域においても使用可能なものが少なくない．
(3) セルに試料溶液を満たす際に泡が生じることがあるが，セル内部に生じた細かい泡やセル外壁に付着した液滴は測定誤差の要因となる．また，冷たい試料溶液をセルに入れた場合，セルの外側が結露して，正しい測定を妨げることがある．そのため，試料はあらかじめ室温に戻しておく．
(4) 試料を入れたセルをホルダーに入れて，吸光度を測定する．試料を変えてホルダーに入れる場合には，同じ向きで挿入する．
(5) セルは破損しやすく，また高価であるため，注意して取り扱う．特にセルを手で持つ際には，透過面には絶対触れないようにする．
(6) 個々のセルは，個々の波長に対して固有の吸光度をもつ．そのため，測定する波長において補正が必要である(セル補正)．
(7) 測定精度を良くするため，あらかじめ試料溶液の濃度を調整して，吸光度が0.1〜0.7(透過率では80〜20％)の間に入るようにする．

12.5 ■ 細胞破砕装置

12.5.1 ■ 超音波ホモジナイザー

超音波ホモジナイザー(超音波発生装置，ソニケーター(sonicator)ともいう)とは，強い超音波をチップ(金属製のとがった棒)の先端から溶液中に発生させる装置である．生物実験では，細菌・細胞・組織の破砕や，菌糸の切断，リボソームなどの細胞内小器官の調製などに用いられる．超音波ホモジナイザーは発振器と振動子で構成されており，原理は以下のとおりである．発振機から送られた出力は，振動子で振動に変換され，振動子先端のチップが，1秒間に約2万回の縦振動を発生させる．この振動を液体中で行うと加圧と減圧が繰り返され，液体中に大きな圧力差が生じる．この圧力差が微小な気泡(キャビテーション)を発生させ，溶液中の物質に繰り返し激しい衝撃を与える．その結果，ナノレベルでの細胞破砕や乳化分散，化学反応の促進，液体中の脱泡・殺菌が可能となるのである．

チップは，直径数cmのものから針のように細いものまでさまざまある．通常

の実験室では，直径1～2 mm（試料溶液1～30 mL用）と1～2 cm（試料溶液20～250 mL用）のものがよく使用される．直径1～2 mmのものは，マイクロチューブに集菌した細胞の破砕などに使用できるため，便利である．ただし，多くのマイクロチューブはポリプロピレン製であり，超音波を吸収しやすい．そのため，超音波処理用容器としては適していない．ポリメチルペンテン（TPX®という登録商標で販売）製のマイクロチューブは，完全透明で耐薬品性にすぐれ超音波を吸収しにくいため，超音波処理用容器として多用される．なお，空気中で超音波を発生させるとチップの消耗が大きいため，液量には十分注意が必要である．また，チップは消耗品である．超音波を受けた水やチップは，激しく振動するために発熱する．この熱のために，熱に不安定なタンパク質などでは変性が起きる．この変性を避けるために，試料は氷中で冷却しながら短時間で処理する．また，溶液に界面活性剤があると気泡ができやすくなり，いわゆる「空打ち」状態が起こる可能性が高くなるため注意する．また超音波ホモジナイザーは不快な騒音を発するため，耳栓や防音イヤーマフの使用，メーカーが販売する防音ケースの購入などを検討するとよい．

12.5.2 ■ フレンチプレス

フレンチプレスは，細胞懸濁液を高圧下で強制的に小穴から押し出して，せん断力により細胞を破壊する方法である．専用の装置は高価であるが，2回程度の処理で，十分に細胞からタンパク質を溶出させることができる．酵母などの強度の高い細胞を破砕できることや，タンパク質抽出の再現性が高いことが特徴である．また，上述の超音波発生装置とは異なり，処理中は気泡が発生しにくく，タンパク質の変性が起こりにくいことも利点としてあげられる．

12.5.3 ■ ビーズ式ホモジナイザー

細胞を機械的に破砕する装置には，種類が多数ある．このうち，ビー・ブラウン社の**ビーズ式ホモジナイザー**（ブラウンのホモジナイザーとよばれる）は，破砕するためにガラスビーズなどを用いる．細胞懸濁液を含む試料容器にガラス，ジルコニアやステンレスなどのビーズを入れ，高速で振とうまたは攪拌させる．試料とビーズが激しく衝突し，その衝撃と摺り作用により細胞壁などが確実に破砕できる．回転数をコントロールすることにより，タンパク質・DNA・RNAな

どの目的物を効果的に回収することが可能である．細菌，酵母，組織など，堅牢な試料の短時間での破砕が可能である．用いるビーズは，細菌，芽胞，乳酸菌などは，直径 0.1 mm のものを用いるなど，対象とする生物により大きさを選ぶ必要がある．

12.6 ■ 紫外線(UV)トランスイルミネーター

箱状の装置の上に試料をのせて，試料の下側から紫外線を照射して観察する装置が**紫外線**(UV)**トランスイルミネーター**である．分子生物学の実験では，電気泳動ゲル中の DNA バンドの臭化エチジウム染色による検出の際に用いる．箱の中には数本の紫外線ランプがあり，光が放射される側に特定の波長の紫外線だけを透過させるフィルターが装着されている．フィルターを使い分けることにより，短波長(254 nm)，中波長(302 nm)および長波長(365 nm)の紫外線を照射できる装置が市販されている．短波長のものは DNA を高感度で検出できるが，DNA の損傷も大きい．一方，長波長のものは DNA の損傷はあまりないが，検出感度は低い．そのため，中波長のものが一般的に使用されている．ただし，紫外線の強度や 2 波長(254/365 nm など)ないし 3 波長(254/302/365 nm)の切り替えが可能な装置も市販されている．この場合，例えば強度の高い光(あるいは 254 nm の光)で短時間に DNA を検出し，その後，強度を低くし(あるいは 365 nm に切り替えて)ゲルからの DNA 切り出し操作を行ったりする．また，UV 透過性のアクリル板で作製したゲルトレイの上にラップフィルムを敷いてゲルをのせることで，フィルターの破損を防止できる．紫外線ランプには寿命があるため，使用しないときはこまめに消す．

トランスイルミネーターは強い紫外線を発するため，皮膚や目に障害を起こすことがある．例えば，皮膚のやけど，結膜炎，最悪の場合には網膜を痛め，失明することもある．そのため，使用する際には，必ず保護メガネ・ゴーグル・フェイスカバーを着用する．紫外線トランスイルミネーターを使用後，目に痛みや異常を感じたら直ちに医師の診察を受ける．最近では，トランスイルミネーターの発する紫外線を直視せず，暗箱中で蛍光像を CCD カメラで撮影する装置も使用されている．トランスイルミネーターには，上述した箱型のものと，小型のハンディタイプのものもある．ハンディタイプのものは，小さな試料を扱う場合には

便利であるが，紫外線の強度が低く，また透過光ではないため，DNAの見え方はかなり弱い．

12.7 ■ 製氷機

　試料を氷で冷やすことは，生物実験においてしばしば行う操作である．そのため，実験室内あるいは実験室の近くに**製氷機**があると便利である．製氷機は，大型のものから，卓上タイプのものまである．氷の種類も大きさ，形などを選択できる．些細なことではあるが，氷は手前側だけから取らず，氷の面が常に水平になるようにする．手前側だけから取ると，奥にある氷の排出口をふさぐことになる．この場合，新たな氷は作られなくなるため，翌日の実験に支障をきたすこともあり，注意を要する．また，氷を取る際に使用するスコップは，必ず指定された場所に戻すことにする．氷は自動的に作られるため，安易にスコップを氷の中に放置すると，翌朝，氷に埋もれて見失うことになる．

12.8 ■ マイクロピペット

　微生物実験，特にタンパク質や核酸を取り扱う実験においては，先端にプラスチック製の使い捨て(ディスポーザブル，disposable)チップを装着して使用する**マイクロピペット**が多用される(図12.5(a))．マイクロピペットは，多くの製品が各メーカーより市販されており，8連や12連など複数本のチップを装着できるものもある．実験室で主に使用するものは，2〜20，20〜200，200〜1,000 μLの3種類の容量可変型マイクロピペットである．なお，1〜5 mLの大容量マイクロピペットでは試料液を急に吸うと液がはね上がるため，これを防ぐためにマイクロピペット本体の先端に専用の綿栓を装着する場合がある．以下に，マイクロピペットの使用法の概略を述べる(図12.5(b))．

(1) 容量設定リングを回転させ，側面のデジタル表示の数字を希望する容量に設定する．この際，いったん希望容量より大きい値にした後，リングを戻して設定容量に正しく合わせるようにする．もちろん，器具の設定範囲を超えてダイヤルを回してはならない．
(2) チップをマイクロピペットに装着する際は，まっすぐチップに差し込み，

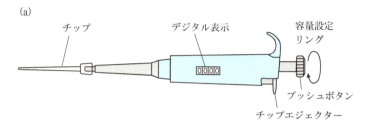

図 12.5 マイクロピペットの外観(a)とプッシュボタンの操作方法(b)

しっかりと固定する．しっかり装着しないと，チップとピペットの間にわずかな隙間ができ，そこから空気が漏れることで正しく液体をとることができない．

(3) 1番目の停止位置までプッシュボタンを押し下げ，チップ先端部を試料液中（液面の数 mm 下）まで浸す．このとき，決して2番目の位置までボタンを押し下げてはならない．

(4) 静かにプッシュボタンを戻して，試料液をゆっくりと吸い上げる．急激に吸い上げて，試料液をピペット本体内まで飛散させないように注意する．ボタンが元の位置に戻ってから1秒程度待ち，液面から引き上げる．

(5) チップの外側に液がついていないことを確認した後，1番目の位置までゆっくりとプッシュボタンを押して試料液を出す．そのまま，さらに2番目の位置までボタンを押し下げ，チップの先端に残っている試料液を完全に吐出させる．

(6) チップエジェクターを押し，使用済みのチップを除去する．

なお，初心者によく見られることとして，マイクロピペットを操作しているうちに容量設定リングに手が触れてしまい，知らず知らずのうちに容量が変わっていることがある．多くの分取を操作する場合には注意が必要である．強酸性の溶液はマイクロピペット内部のバネを腐食させるため，マイクロピペットは使用し

ないほうがいいが，メーカーによっては使用可能な製品もある．また，マイクロピペット本体ごとオートクレーブ滅菌できるものも市販されている．これらは，用途に合わせて使用を検討するとよい．揮発性の高い試料を分取するときは，溶液をまず数回ピペッティング（溶液をチップに出し入れすること）してから分取する．この操作によって，ピペット内部が揮発性物質の蒸気で満たされ，液垂れ（吸い上げた後，押し出し操作を行っていないのにチップの先から溶液が落ちること）を防ぐことができる．高濃度のグリセロールや界面活性剤などの粘性の高い溶液は，先端が広くなっている専用チップ（もしくは市販のチップの先端を斜めにカットしたもの）を使用すると分取しやすい．一般に，マイクロピペットの精度（1〜3%）は，再現性が高い（1%以下）が，長期にわたって使用した場合，狂いを生じることがある．定期的な検定と保守点検を怠らないことが大切である．

12.9 ■ 低温室における精密機材の取り扱い

微生物実験では，低温室やクロマトチャンバーに電気泳動電源や小型遠心分離機などの精密機器を持ち込んで実験を行うことがある．この場合，低温環境に持ち込んで機器を使用することは問題ないが，それを室温などの実験室に持ち出す際には注意が必要である．機器をそのまま持ち出すと結露が起こり，通電の際に内部の電気回路に短絡（ショート）が生じ，電子基板が破損することがある．機器を持ち出す際には，機器をビニール袋などに入れて密封して持ち出し，機器が室温になってからビニール袋から取り出すようにするとよい．

参 考 書
・田村隆明，無敵のバイオテクニカルシリーズ，イラストでみる超基本バイオ実験ノート，羊土社（2017）
　→生化学で使う機器について詳しく書かれている．

付　録

　本付録では，微生物実験，タンパク質・核酸取り扱い実験などを行う際に必要となる基礎データを示した．成書やメーカーのカタログなどに散在している有益な情報をまとめたものである．実験に際しては本書を常に座右に置き，参照されたい．

表 A.1　SI 基本単位

物理量	SI 単位の名称（英表記）	単位記号
時間	秒（second）	s
長さ	メートル（metre）	m
質量	キログラム（kilogram）	kg
物質量	モル（mole）	mol
電流	アンペア（ampere）	A
温度	ケルビン（kelvin）	K
光度	カンデラ（candela）	cd

表 A.2　単位の 10 の整数乗倍の SI 接頭語 [1]

倍数	記号	接頭語（英表記）	倍数	記号	接頭語（英表記）
10^{18}	E	エクサ（exa）	10^{-1}	d	デシ（deci）
10^{15}	P	ペタ（peta）	10^{-2}	c	センチ（centi）
10^{12}	T	テラ（tera）	10^{-3}	m	ミリ（milli）
10^{9}	G	ギガ（giga）	10^{-6}	μ	マイクロ（micro）
10^{6}	M	メガ（mega）	10^{-9}	n	ナノ（nano）
10^{3}	k	キロ（kilo）	10^{-12}	p	ピコ（pico）
10^{2}	h	ヘクト（hecto）	10^{-15}	f	フェムト（femto）
10	da	デカ（deca）	10^{-18}	a	アト（atto）

1) 接頭語を 2 つ重ねて用いてはならない．例えば，ミリマイクロメートル（mμm）は誤りであり，ナノメートル（nm）が正しい．

表 A.3 ギリシャ文字一覧

大文字	小文字	読み（英表記）	大文字	小文字	読み（英表記）
Α	α	アルファ（alpha）	Ν	ν	ニュー（nu）
Β	β	ベータ（beta）	Ξ	ξ	クシー（xi）
Γ	γ	ガンマ（gamma）	Ο	ο	オミクロン（omicron）
Δ	δ	デルタ（delta）	Π	π	パイ（pi）
Ε	ε	イプシロン（epsilon）	Ρ	ρ	ロー（rho）
Ζ	ζ	ゼータ（zeta）	Σ	σ	シグマ（sigma）
Η	η	イータ（eta）	Τ	τ	タウ（tau）
Θ	θ	シータ（theta）	Υ	υ	ウプシロン（upsilon）
Ι	ι	イオタ（iota）	Φ	φ	ファイ（phi）
Κ	κ	カッパ（kappa）	Χ	χ	カイ（chi）
Λ	λ	ラムダ（lambda）	Ψ	ψ	プサイ（psi）
Μ	μ	ミュー（mu）	Ω	ω	オメガ（omega）

表 A.4 タンパク質や核酸の基礎データ

タンパク質の平均分子量	126.7 × アミノ酸残基数
タンパク質の濃度	1 OD（波長 280 nm）は約 1 mg/mL に相当（BSA：0.75 mg/mL；IgG：1.35 mg/mL）
二本鎖 DNA の平均分子量	660 × 塩基対数
二本鎖 DNA の濃度	1 OD（波長 260 nm）は 50 μg/mL に相当
一本鎖 DNA の平均分子量	330 × 塩基対数
一本鎖 DNA の濃度	1 OD（波長 260 nm）は 37 μg/mL に相当
一本鎖 RNA の濃度	1 OD（波長 260 nm）は 40 μg/mL に相当
1 kbp の二本鎖 DNA 1 pmol	0.66 μg に相当
20 mer のオリゴヌクレオチド 1 pmol	6.6 ng に相当

表 A.5　アミノ酸の略号と構造

アミノ酸	略号 3文字	略号 1文字	構造式	分子量	等電点
疎水性アミノ酸					
グリシン(glycine)	Gly	G	CH_2-COOH 　$\mid$ 　NH_2	75	5.97
アラニン(alanine)	Ala	A	$CH_3-CH-COOH$ 　　　$\mid$ 　　NH_2	89	6.00
バリン(valine)	Val	V	$CH_3-CH-CH-COOH$ 　　　$\mid$　$\mid$ 　CH_3　NH_2	117	5.96
ロイシン(leucine)	Leu	L	$CH_3-CH-CH_2-CH-COOH$ 　　　$\mid$　　　　$\mid$ 　CH_3　　　NH_2	131	5.98
イソロイシン(isoleucin)	Ile	I	$CH_3-CH_2-CH-CH-COOH$ 　　　　　　$\mid$　$\mid$ 　　　　CH_3　NH_2	131	6.02
プロリン(proline)	Pro	P	H_2C-CH_2 H_2C　$CH-COOH$ 　$\backslash N/$ 　H	115	6.30
メチオニン(methionine)	Met	M	$CH_3-S-CH_2-CH_2-CH-COOH$ 　　　　　　　　　$\mid$ 　　　　　　　NH_2	149	5.74
フェニルアラニン(phenylalanine)	Phe	F	C₆H₅$-CH_2-CH-COOH$ 　　　　$\mid$ 　　NH_2	165	5.48
トリプトファン(tryptophan)	Trp	W	(indole)$-CH_2-CH-COOH$ 　　　　$\mid$ 　　NH_2	204	5.89
親水性アミノ酸 **中性アミノ酸**					
セリン(serine)	Ser	S	$CH_2-CH-COOH$ 　$\mid$　　$\mid$ OH　NH_2	105	5.68
トレオニン(threonine)	Thr	T	$CH_3-CH-CH-COOH$ 　　　$\mid$　$\mid$ 　　OH　NH_2	119	6.16
システイン(cysteine)	Cys	C	$HS-CH_2-CH-COOH$ 　　　　　$\mid$ 　　　NH_2	121	5.07
チロシン(tyrosine)	Tyr	Y	$HO-$C₆H₄$-CH_2-CH-COOH$ 　　　　　　$\mid$ 　　　NH_2	181	5.66
アスパラギン(asparagine)	Asp	D	$H_2NCO-CH_2-CH-COOH$ 　　　　　　$\mid$ 　　　NH_2	132	5.41
グルタミン(glutamine)	Gln	Q	$H_2NCO-CH_2-CH_2-CH-COOH$ 　　　　　　　　$\mid$ 　　　　　NH_2	146	5.65
酸性アミノ酸					
アスパラギン(aspartic acid)	Asn	N	$HOOC-CH_2-CH-COOH$ 　　　　　$\mid$ 　　　NH_2	133	2.77
グルタミン酸(glutamic acid)	Glu	E	$HOOC-CH_2-CH_2-CH-COOH$ 　　　　　　　$\mid$ 　　　　NH_2	147	3.22

付　録

表 A.5　アミノ酸の略号と構造（つづき）

アミノ酸	略号 3文字	略号 1文字	構造式	分子量	等電点
塩基性アミノ酸					
ヒスチジン (histidine)	His	H	$\mathrm{CH = C-CH_2-CH-COOH}$ 　　$\mathrm{NNHNH_2}$ 　　　C 　　　H	155	7.59
リシン (lysine)	Lys	K	$\mathrm{H_2N-(CH_2)_4-CH-COOH}$ 　　　　　　　　$\mathrm{NH_2}$	146	9.74
アルギニン (arginine)	Arg	R	$\mathrm{H_2N-C-NH-(CH_2)_3-CH-COOH}$ 　　　NH 　　　　　　　$\mathrm{NH_2}$	174	10.76

表 A.6　コドン表

		第 2 塩基							
		U		C		A		G	
第 1 塩基	U	UUU	Phe	UCU	Ser	UAU	Tyr	UGU	Cys
		UUC	Phe	UCC	Ser	UAC	Tyr	UGC	Cys
		UUA	Leu	UCA	Ser	UAA	終止[1]	UGA	終止
		UUG	Leu	UCG	Ser	UAG	終止	UGG	Trp
	C	CUU	Leu	CCU	Pro	CAU	His	CGU	Arg
		CUC	Leu	CCC	Pro	CAC	His	CGC	Arg
		CUA	Leu	CCA	Pro	CAA	Gln	CGA	Arg
		CUG	Leu	CCG	Pro	CAG	Gln	CGG	Arg
	A	AUU	Ile	ACU	Thr	AAU	Asn	AGU	Ser
		AUC	Ile	ACC	Thr	AAC	Asn	AGC	Ser
		AUA	Ile	ACA	Thr	AAA	Lys	AGA	Arg
		AUG[2]	Met	ACG	Thr	AAG	Lys	AGG	Arg
	G	GUU	Val	GCU	Ala	GAU	Asp	GGU	Gly
		GUC	Val	GCC	Ala	GAC	Asp	GGC	Gly
		GUA	Val	GCA	Ala	GAA	Glu	GGA	Gly
		GUG	Val	GCG	Ala	GAG	Glu	GGG	Gly

1) UAA, UAG, UGA は終止コドンとよばれ，アミノ酸を指定せずタンパク質合成を終結させる．
2) AUG は翻訳の開始を指定する開始コドンとしても機能する．

付　録

表 A.7　よく使用する市販試薬と濃度など

試薬	分子式	分子量	重量濃度(%)	モル濃度(mol/L)	比重	備考
濃塩酸	HCl	36.46	35〜37	約12	1.18	劇物
濃硫酸	H_2SO_4	98.08	96〜98	約18	1.84	劇物
濃硝酸	HNO_3	63.01	60	13.0	1.36	劇物,
			70	15.6	1.41	危険物第6類
氷酢酸	CH_3COOH	60.05	99.6	17.4	1.05	
水酸化アンモニウム［濃アンモニア水］	NH_4OH [NH_3(aq)]	35.04 [17.03]	28	14.8	0.9	劇物

表 A.8　微生物実験で使用する毒物・劇物など
［武村政春 編, バイオ実験基本ガイド, 講談社(2017), p.23 を改変］

分類	試薬	特徴
毒物	アジ化ナトリウム	緩衝液に少量加え，防腐剤として使用；危険物第5類（自己反応性物質）
	2-メルカプトエタノール	SDS-PAGE の際，タンパク質の還元剤として使用
劇物	アクリルアミド（モノマー）	タンパク質・核酸の電気泳動用ゲル作製に使用；神経毒性
	塩酸	緩衝液の pH 調整などに使用；強酸
	硫酸	糖の定量などに使用；強酸
	水酸化ナトリウム	緩衝液の pH 調整，核酸の抽出などに使用；強アルカリ，潮解性
	水酸化カリウム	緩衝液の pH 調整などに使用；強アルカリ，潮解性
	ホルムアルデヒド	細胞・組織の固定などに使用
	メタノール	SDS-PAGE の際，泳動後のタンパク質の固定などに使用
	クロロホルム	核酸の抽出・精製などに使用
	フェノール	核酸の抽出・精製などに使用
	トリクロロ酢酸	タンパク質の沈殿・濃縮などに使用
	過酸化水素	微生物の分類，酵素活性測定の基質などに使用
その他	臭化エチジウム	電気泳動後の DNA の染色などに使用；変異原性
	DAPI[1]	蛍光顕微鏡観察の際，細胞中の DNA 染色などに使用；変異原性
	ヘキスト 33342[2]	蛍光顕微鏡観察の際，細胞中の DNA 染色などに使用；変異原性

1) 4′,6-diamidino-2-phenylindole dihydrochloride
2) Hoechst 33342

表 A.9　プラスチック製品の材質と性質

[田村隆明，バイオ試薬調製ポケットマニュアル，羊土社(2004)，p.213を改変]

	ポリエチレン (PE)	ポリプロピレン (PP)	ポリカーボネート (PC)	ポリスチレン (PS)	アクリル樹脂	フッ素樹脂
色調	白色	乳白色 半透明	無色 透明	無色 透明	無色 透明	薄黄色 透明
用途	遠心管, ビーカー	遠心管, ビーカー	遠心管	シャーレ, 遠心管	電気泳動槽, 水槽	ビーカー
力学的強度	強	強	強	弱	強	強
〈耐熱性〉						
オートクレーブ	×〜△	○	△	××	××	○
90℃, 10分間	○	○	○	○	△	○
〈耐薬品性〉						
クロロホルム	△	△	××	××	××	○
フェノール	△	△	×	×	×	○
エタノール	○	○	○	△	×	○
濃塩酸	○	○	×	△	△	○
30%水酸化ナトリウム	○	○	×	○	×	○

○：影響なし，△：使用できるが長期使用で変質・変形，×：比較的短時間で変質・変形，××：瞬時に変質・変形

表 A.10　主な pH 指示薬の変色域

[田村隆明，バイオ実験法＆必須データポケットマニュアル，羊土社 (2016)，p.249]

指示薬	pK_a	色調変化	変色域(pH)
チモールブルー(酸性域)	1.65	赤〜黄	1.2〜2.8
ブロモフェノールブルー	3.85	黄〜青	3.0〜4.6
メチルレッド	4.95	赤〜黄	4.4〜6.0
ブロモチモールブルー(BTB)	7.1	黄〜青	6.0〜7.6
フェノールレッド	7.9	黄〜赤	6.8〜8.4
チモールブルー(塩基性域)	8.9	黄〜青	8.0〜9.5
フェノールフタレイン	9.4	無〜紫赤	8.0〜9.8

表 A.11　主な緩衝液の適用 pH 範囲

［田村隆明，バイオ実験法＆必須データポケットマニュアル，羊土社(2016)，p.244 を改変］

緩衝液	適用 pH 範囲
グリシン−HCl	2.2 〜 3.6
クエン酸−クエン酸ナトリウム(NaOH)	3.0 〜 6.2
酢酸−酢酸ナトリウム(NaOH)	3.7 〜 5.6
MES[1]−NaOH	5.4 〜 6.8
PIPES[2]−NaOH	6.2 〜 7.3
MOPS[3]−NaOH	6.4 〜 7.8
リン酸	5.8 〜 8.0
HEPES[4]−NaOH	7.2 〜 8.2
Tricine−HCl	7.4 〜 8.8
Tris[5]−HCl	7.1 〜 8.9
グリシン−NaOH	8.6 〜 10.6
ホウ酸−NaOH	9.3 〜 10.7
炭酸ナトリウム−NaOH	9.7 〜 10.9

1) 2-(N-morpholino)ethanesulfonic acid
2) piperazine-1,4-bis(2-ethanesulfonic acid)
3) 3-(N-morpholino)propanesulfonic acid
4) 4-(2-hydroxyethyl)-1-piperazineethanesulfonic acid
5) tris(hydroxymethyl)aminomethane

表 A.12 Tris-HCl 緩衝液の温度による pH 変化
［田村隆明，バイオ実験法＆必須データポケットマニュアル，羊土社(2016), p.249］

5℃	25℃	37℃
7.76	7.20	6.91
7.89	7.30	7.02
7.97	7.40	7.12
8.07	7.50	7.22
8.18	7.60	7.30
8.26	7.70	7.40
8.37	7.80	7.52
8.48	7.90	7.62
8.58	8.00	7.71
8.68	8.10	7.80
8.78	8.20	7.91
8.88	8.30	8.01
8.98	8.40	8.10
9.09	8.50	8.22
9.18	8.60	8.31
9.28	8.70	8.42

表 A.13 代表的なタンパク質の沈殿剤
［サーモフィッシャー（株）ホームページ(https://www.learningatthebench.com/principles-of-protein-precipitation.html)を改変］

種類	代表的沈殿剤
有機溶媒	
アルコール類	エタノール，プロパノール，メタノール
その他	アセトン，クロロホルム
塩	硫酸アンモニウム（硫安）
酸	トリクロロ酢酸(TCA)，塩酸
水溶性ポリマー	ポリエチレングリコール(PEG)，デキストラン

表 A.14 硫酸アンモニウム(硫安)添加量と濃度(%飽和)の関係

		硫安の最終濃度(%飽和)														
		10	20	25	30	33	35	40	45	50	55	60	65	70	75	80	90	100
		固形硫安添加量(g/L)																
硫安の初濃度(%飽和)	0	56	114	144	176	196	209	243	277	313	351	390	430	472	516	561	662	767
	10		57	86	118	137	150	183	216	251	288	326	365	406	449	494	592	694
	20			29	59	78	91	123	155	189	225	262	300	340	382	424	520	619
	25				30	49	61	93	125	158	193	230	267	307	348	390	485	583
	30					19	30	62	94	127	162	198	235	273	314	356	449	546
	33						12	43	74	107	142	177	214	252	292	333	426	522
	35							31	63	94	129	164	200	238	278	319	411	506
	40								31	63	97	132	168	205	245	285	375	469
	45									32	65	99	134	171	210	250	339	431
	50										33	66	101	137	176	214	302	392
	55											33	67	103	141	179	264	353
	60												34	69	105	143	227	314
	65													34	70	107	190	275
	70														35	72	153	237
	75															36	115	198
	80																77	157
	90																	79

表 A.15 代表的なタンパク質定量法の特徴

方法	原理	長所と短所	感度	妨害物質
紫外吸収法(UV法)	タンパク質中の芳香族アミノ酸に起因する紫外吸収に基づく。波長 280 nm の吸光度を測定。	操作が簡便で、測定後の試料の回収が可能。タンパク質の種類により吸光度は変動する。	$5 \sim 1,000 \, \mu g$	紫外吸収をもつ物質
ローリー法	ビウレット反応とフェノール試薬を組み合わせた方法。フェノール試薬は芳香族アミノ酸やシステインと反応し青色を呈する。ビウレット反応を組み合わせると、ペプチド結合に由来する発色が強くなる。波長 770 nm の吸光度を測定。	感度が高い。操作が煩雑で、妨害物質が多く、タンパク質の種類により発色の差が大きい。	$5 \sim 100 \, \mu g$	チオール類、フェノール類、グリセロール、キレート剤、界面活性剤
ブラッドフォード法	酸性条件下でクマシーブリリアントブルー G-250 色素がタンパク質と結合すると、溶液の色が茶色から青色へと変化する。波長 595 nm の吸光度を測定。	操作が簡便で、感度が非常に高く、妨害物質は少ない。タンパク質の種類により発色の差が大きい。	$0.3 \sim 5 \, \mu g$	界面活性剤
ビウレット法	アルカリ条件下で Cu^{2+} がタンパク質中のペプチド結合の窒素原子と錯体を形成し、赤紫色を呈する(ビウレット反応)。波長 540 nm の吸光度を測定。	操作が簡便で、タンパク質の種類により発色の差が小さい。感度は低い。	$40 \sim 200 \, \mu g$	Tris、アンモニウム塩
ビシンコニン酸法(BCA法)	Cu^{2+} はアルカリ条件下でタンパク質により還元され、生じた Cu^+ がビシンコニン酸と錯体を形成し、赤紫色を呈する。波長 562 nm の吸光度を測定。	操作が簡便であり、感度が高い。妨害物質も少ない。	$2 \sim 25 \, \mu g$	チオール類、グルコース、硫酸アンモニウム、リン脂質

表 A.16 SDS-PAGE 後のタンパク質染色の感度

方法	1バンドあたりの検出限界(ng)
クマシーブリリアントブルー(CBB)R-250 染色	$300 \sim 1,000$
銀染色	$1 \sim 10$

表 A.17 ポリアクリルアミドゲルの DNA 分離能と色素の移動度
［田村隆明，バイオ実験法＆必須データポケットマニュアル，羊土社(2016)，p.282］

アクリルアミド濃度(%)[1]	DNA の分離範囲(bp)	XC の移動度(bp)	BPB の移動度(bp)
3.5	1,000 〜 2,000	500	150
5	80 〜 500	260	65
8	60 〜 400	160	45
21	40 〜 200	70	20
15	25 〜 150	60	15
20	6 〜 100	45	12

1) アクリルアミド：ビスアクリルアミド＝29：1
XC：キシレンシアノール；BPB：ブロモフェノールブルー

表 A.18 アガロースゲルの DNA 分離能と色素の移動度
［田村隆明，バイオ実験法＆必須データポケットマニュアル，羊土社(2016)，p.284］

| アガロース濃度(%) | TAE 緩衝液[1] | | |
	DNA の分離範囲(kbp)	BPB の移動度(kbp)	XC の移動度(kbp)
0.3	5.0 〜 60.0	2.9	25.0
0.6	1.0 〜 23.0	1.3	15.0
0.8	0.8 〜 10.0	0.8	10.0
1.0	0.4 〜 8.0	0.5	6.1
1.2	0.3 〜 7.0	0.4	4.0
1.5	0.2 〜 4.0	0.3	2.8
2.0	0.1 〜 3.0	0.15	1.3

| アガロース濃度(%) | TBE 緩衝液[2] | | |
	DNA の分離範囲(kbp)	BPB の移動度(kbp)	XC の移動度(kbp)
0.3	−	−	−
0.6	0.9 〜 18.0	1.1	9.3
0.8	0.53 〜 8.8	0.65	8.0
1.0	0.3 〜 7.0	0.4	4.1
1.2	0.23 〜 4.5	0.3	2.6
1.5	0.15 〜 3.5	0.2	1.8
2.0	0.08 〜 2.5	0.07	0.85

1) 40 mM Tris-HCl, 20 mM 酢酸, 1 mM EDTA (pH 8.0)
2) 89 mM Tris-HCl, 48.5 mM ホウ酸, 2 mM EDTA (pH 8.0)
XC：キシレンシアノール；BPB：ブロモフェノールブルー

表 A.19　代表的な菌株保存機関

(1) 独立行政法人　製品評価技術基盤機構（NITE）

　バイオテクノロジーセンター　生物遺伝資源部門（NBRC）
　　https://www.nite.go.jp/nbrc/cultures/index.html
　バイオテクノロジーセンター　特許微生物寄託センター（NPMD）
　　https://www.nite.go.jp/nbrc/patent/index.html

(2) 国立研究開発法人　理化学研究所（RIKEN）

　バイオリソースセンター微生物材料開発室（JCM）
　　http://jcm.brc.riken.jp/ja/

(3) 国立研究開発法人　農業・食品産業技術総合研究機構（NARO）

　農業生物資源ジーンバンク
　　http://www.gene.affrc.go.jp/distribution.php

(4) 国立研究開発法人　国立環境研究所

　微生物系統保存施設（NIES コレクション）
　　http://mcc.nies.go.jp/index.html

(5) American Type Culture Collection（ATCC）

　住商ファーマインターナショナル株式会社 ATCC 事業部
　　http://www.summitpharma.co.jp/japanese/service/s_ATCC.html

付　録

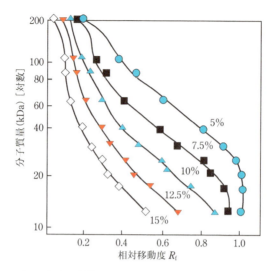

図 A.1　SDS-PAGE における標準タンパク質の移動度とゲル濃度の関係
　　　　移動度は先行するブロモフェノールブルー(BPB)色素の移動度を $R_f = 1.0$ とした相対移動度．
　　　　[GE ヘルスケア・ジャパン(株)ホームページ
　　　　(https://www.gelifesciences.co.jp/technologies/ecl/guide-4.html)]

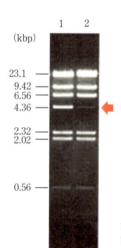

※ λDNA を原料とする DNA サイズマーカーは COS サイトでのアニーリングが起こりやすいため，塩または EDTA 存在下で加熱処理を行ってから使用すること．繰り返し使用している際に，上から 4 番目のバンド(赤色矢印)が薄くなってきたら，再度，加熱処理を行うと，元のパターンに戻る．

レーン1：熱処理を行った λ-HindIII マーカー
レーン2：熱処理を行っていない λ-HindIII マーカー

図 A.2　DNA サイズマーカー(λ-HindIII)の 1% アガロースゲル電気泳動パターン
　　　　[写真は(株)ニッポンジーンホームページ(http://www.nippongene.com/siyaku/product/electrophoresis/marker-dna/marker1-2-3-6.html)を改変]

索 引

■欧 文

16S rRNA遺伝子　61
Bennet培地　12
Berg　6
BLAST検索　62
Boyer　6
BSE　135
cDNA　142, 159
CFU（コロニー形成単位）　97
ClustalW, ClustalX　62
Cohen　6
CRISPR/Cas9システム　164
DAPI染色　46
DGGE法（変性剤濃度勾配ゲル電気泳動法）　64
DNA-DNAハイブリダイゼーション試験　62
DNAポリメラーゼ　141
DNAマイクロアレイ法　162
DNAリガーゼ　140
ELISA　130
EzTaxon　62
FISH法　48
Fleming　5
GFP（緑色蛍光タンパク質）　46
HAT培地　126
HEPAフィルター　24
HI寒天培地　129
IEF法（等電点電気泳動法）　117
in vitroパッケージング　147
IPGゲル（固定化pH勾配ゲル）　116
IPTG（イソプロピルβ-チオガラクトシド）　145
ITS領域　62
Koch　3

LB培地　11
LC-MS/MS　120
Leewenhoek　2, 36
Linne　55
L培地　11
M9培地　12
MALDI-TOF MS　63, 119
MNNG（N-メチル-N'-ニトロ-N-ニトロソグアニジン）　74
MS（質量分析）　119
MY培地　12
native PAGE法　116
NTG（N-メチル-N'-ニトロ-N-ニトロソグアニジン）　74
ori（複製開始点）　146
Pasteur　3
PCR法　157
Petroff-Hausserの計算盤　95
PHYLIP　62
pHメーター　182
pUCプラスミド　145
RNA-seq解析　164
rRNA　61
RT-PCR法（逆転写PCR法）　159
SDS（安全データシート）　77
SDS（ドデシル硫酸ナトリウム）　104
SDS-PAGE法（SDS-ポリアクリルアミドゲル電気泳動法）　112
T4ポリヌクレオチドキナーゼ　141
TAクローニング　158
Thomaの規格の血球計算盤　42, 95
T-RFLP法（末端標識制限酵素断片多型分析法）　65
UVトランスイルミネーター　192
UV法　110

209

索引

X-gal（5-ブロモ-4-クロロ-3-インドリル-β-D-ガラクトピラノシド）　150
α相補性　150
γ線　20

■和　文

ア

青白選択　151
アジュバント　125
亜硝酸　76
アフィニティークロマトグラフィー　134
2-アミノプリン　76
アルカリ-SDS法　149
アルカリ性ホスファターゼ（AP）　132
安全キャビネット　25
安全データシート（SDS）　77
異常プリオン　135
位相差顕微鏡　39
イソプレノイドキノン　61
イソプロピルβ-チオガラクトシド（IPTG）　145
遺伝子組換え生物等の使用等の規制による生物多様性の確保に関する法律　168
遺伝子工学　137
遺伝子マーカー　72
遺伝子ライブラリー　148
インターカレーター法　161
インターカレート　76
ウエスタンブロット法　132
液体培地　9
エーゼ　27
エタノール水溶液　20
エチルメタンスルホン酸　75
エチレンオキシドガス　20
エドマン分解法　118
エピトープ　125
エラープローンPCR　142
エレクトロポレーション法　147
塩化カルシウム法　147
遠心分離機　101, 184
遠心ローター　184
大隅良典　40
オクタロニー試験　128
オスバン　20
オートクレーブ　17
温度感受性突然変異　72

カ

解像度　38
火炎殺菌　27
カオトロピック　106
化学組成による分類　60
化学発光法　132
カザミノ酸　10
カゼイン　10, 11
可変領域　123
可溶性デンプン　11
カラメル反応　13
カルタヘナ法　169
間欠滅菌　17
乾燥重量　92
乾熱滅菌　19
基準株　56
基準値　56
逆転写PCR法　159
逆転写酵素　142
吸光度　189
狂牛病　135
共焦点レーザー顕微鏡　48
菌塚　5
近隣結合法　62
クライオ電子顕微鏡　52
グラム染色　59
クリスタルバイオレット水溶液　59
グリセロールストック　32
クリーンベンチ　24
クレノウ断片　141
クローニング　126
　──サイト　145
　──ベクター　144
蛍光顕微鏡　45

索 引

形質 70
　——転換 147
　——導入 147
継代培養法 30
血清型 129
ゲノム編集 164
　——の法規制 165
限外ろ過法 108
嫌気性菌 15
原子間力顕微鏡 51
検定培地 77
好気性菌 15
抗原 123
高周波滅菌法 21
合成培地 9
抗生物質 71
高層培地 15, 30
酵素標識免疫測定法 130
抗体 123
酵母エキス 10
国際原核生物分類命名委員会 56
国際細菌命名規約 56
国際植物命名規約 56
固体培地 9
固定化pH勾配ゲル 117
コールターカウンター 96
コロニー 26
コロニー形成単位(CFU) 97
コーン・スティープ・リカー 11
コンタミ 23
コンタミネーション 23
コンピテント(細胞) 32, 147
コンラージ棒 28

サ

最少培地(最小培地) 10
細胞質 104
細胞壁ペプチドグリカン 61
最尤法 62
サンガー法 152
サフラニン水溶液 59

サプレッサー突然変異 73
ジアミノベンジジン 132
紫外吸収法 110
紫外線トランスイルミネーター 192
指数増殖期 87
次世代シーケンサー 154
自然突然変異 73
実体顕微鏡 53
質量分析 119
ジデオキシ法 152
脂肪酸 60
死滅期 88
ジャーファーメンター 15
斜面培地 14
臭化エチジウム 76
集積培養 12, 27
周波数変調原子間力顕微鏡 52
宿主 143
純粋分離 25
条件致死突然変異株 72
シリコ栓 15
真菌 64
スクリーニング 25, 148
スター活性 139
スプレッダー 28
スラント 14
制限現象 138
制限酵素 137
静止期 88
生物学的封じ込め 173
西洋ワサビペルオキシダーゼ(HRP) 132
生理学的性質 60
世代時間 84
絶対嫌気性細菌 17
穿刺培養 28
染色体DNA 142
前培養 89
走査型電子顕微鏡 49

タ

対数増殖期 87

索　引

濁度　94
脱塩　109
単コロニー分離　28
逐次合成シーケンス法　155
致死突然変異　72
遅滞期　86
チミン二量体（チミンダイマー）　73
超遠心分離機　184
超音波処理　102
超音波ホモジナイザー　190
低温滅菌法　17
定常期　87
定常領域　123
デジタルPCR法　161
電気泳動法　112
天然培地　9
天びん　181
透過型電子顕微鏡　49
凍結乾燥保存法　33
凍結置換法　50
凍結保存法　32
透析　109
等電点電気泳動法　116
土壌中保存　33
突然変異株　69
突然変異体　69
ドデシル硫酸ナトリウム（SDS）　104
トランスクリプトーム　164
トランスポゾン　77
トリクロロ酢酸　107
トリチウム自殺法　81
トリプトン　10

ナ

名古屋議定書　179
軟寒天培地　15
軟寒天保存法　31
ナンセンスサプレッサー突然変異　73
肉エキス　11
肉汁培地　12
二次元電気泳動法　117

二重拡散法　128
二重抗体サンドイッチ法　130
二命名法（二名法）　55
ヌクレアーゼ　137
ネイティブポリアクリルアミドゲル電気泳動法　116
ネフェロメーター　95
粘着末端　139

ハ

バイオハザード　167
廃糖みつ　11
ハイブリダイゼーション　47, 148
ハイブリドーマ　126
パイロシーケンス法　155
麦芽エキス　10
パスツリゼーション　3, 17
白金耳　27
発現ベクター　144
バッチ培養　86
ハプテン　124
比重濃縮法　81
微生物　1
必須遺伝子　72
ビーズ式ホモジナイザー　191
ヒドロキシルアミン　76
ヒビテン　20
微分干渉顕微鏡　40
ファージベクター　146
フィルター除菌　19
複製開始点　146
復帰突然変異　72
物理的封じ込め　171
プラーク　148
プラスミドベクター　144
ブラッドフォード法　111
プラトー効果　160
フリーズエッチング法　51
ブルーネイティブポリアクリルアミドゲル電気泳動法　116
プレート　14

フレンチプレス　191
フローサイトメトリー法　99
プロテオーム解析　119
プローブ法　161
5-ブロモ-4-クロロ-3-インドリル-β-D-ガラクトピラノシド（X-gal）　150
不和合性　146
分光光度計　187
平滑末端　139
平均倍加時間　84
平板培地　14
ベクター　143
別滅菌　13
ペニシリンスクリーニング法　80
ペプチドグリカン　104
ペプトン　10
ペリプラズム　104
変異株　69
変異原　73
　——処理　73
偏性嫌気性細菌　17
変性剤濃度勾配ゲル電気泳動法（DGGE法）　64
べん毛染色　59
ボイリング法　150
ボジョレー・ヌーヴォー　8
ホスファターゼ　141
ホフマイスター系列　106
ホモジナイザー　191
ポリエチレングリコール　108
ポリクローナル抗体　125
ポリメラーゼ連鎖反応法　157
本培養　89

マ

マイクロピペット　193
マスタープレート　77

末端標識制限酵素断片多型分析法（T-RFLP法）　65
ミクロメーター　42
無菌操作　23
明視野顕微鏡　39
メイラード反応　13
メタゲノム解析　66
メタトランスクリプトーム　164
メタボローム解析　121
N-メチル-N'-ニトロ-N-ニトロソグアニジン（NTG, MNNG）　74
免疫拡散法　128
免疫凝集法　129
免疫グロブリン　123
モノクローナル抗体　125
モル吸光係数　189

ヤ

野生株　69
有機溶媒沈殿　105
優性　70
誘導期　86
溶菌斑　148

ラ

ランバート・ベールの法則　188
リアルタイムPCR　160
リーキー突然変異　73
リゾチーム処理　104
硫安沈殿　106
流動パラフィン重層法　31
緑色蛍光タンパク質（GFP）　46
劣性　70
レプリカ法　77
レンズ　42
ろ過除菌　19
ローリー法　110

著者紹介

中村 聡 工学博士
1980年 東京工業大学大学院理工学研究科
修士課程修了
現 在 東京工業大学生命理工学院 教授／副学長

伊藤政博 博士（工学）
1994年 東京工業大学大学院理工学研究科
博士課程修了
現 在 東洋大学生命科学部生命科学科 教授

八波利恵 博士（工学）
2000年 東京工業大学大学院生命理工学研究科
博士課程修了
現 在 東京工業大学生命理工学院 准教授

中島春紫 農学博士
1989年 東京大学大学院農学系研究科博士課程修了
現 在 明治大学農学部農芸化学科 教授

道久則之 博士（工学）
1998年 東京工業大学大学院生命理工学研究科
博士課程修了
現 在 東洋大学生命科学部応用生物科学科 教授

NDC 588　223 p　21cm

生物工学系テキストシリーズ
新版　ビギナーのための微生物実験ラボガイド

2019年 5月 8日　第1刷発行
2023年12月21日　第2刷発行

著　者　中村　聡・中島春紫・伊藤政博・道久則之・八波利恵
発行者　森田浩章
発行所　株式会社　講談社　　　　KODANSHA
　　　　〒112-8001　東京都文京区音羽2-12-21
　　　　　　　販　売　(03) 5395-4415
　　　　　　　業　務　(03) 5395-3514

編　集　株式会社　講談社サイエンティフィク
　　　　代表　堀越俊一
　　　　〒162-0825　東京都新宿区神楽坂2-14　ノービィビル
　　　　　　　編　集　(03) 3235-3701

本文データ制作　株式会社　双文社印刷
印刷・製本　　　株式会社　ＫＰＳプロダクツ

落丁本・乱丁本は，購入書店名を明記のうえ，講談社業務宛にお送り下さい．送料小社負担にてお取替えします．なお，この本の内容についてのお問い合わせは講談社サイエンティフィク宛にお願いいたします．定価はカバーに表示してあります．

© S. Nakamura, H. Nakajima, M. Ito, N. Dokyu, R. Yatsunami, 2019

本書のコピー，スキャン，デジタル化等の無断複製は著作権法上での例外を除き禁じられています．本書を代行業者等の第三者に依頼してスキャンやデジタル化することはたとえ個人や家庭内の利用でも著作権法違反です．

|JCOPY| 〈(社)出版者著作権管理機構 委託出版物〉
複写される場合は，その都度事前に(社)出版者著作権管理機構（電話 03-5244-5088，FAX 03-5244-5089, e-mail : info@jcopy.or.jp）の許諾を得て下さい．

Printed in Japan
ISBN 978-4-06-513599-0